前　言

　　现在我们不得不面对城市的扩张带来的人与自然疏离的问题。常在城市生活的人，一生的绝大多数时间都生活在钢筋混凝土筑成的建筑物里。每个人都需要一个疏缓压力的空间。人们渴望生存环境的扩展和心灵的舒缓，重返自然。景观雕塑是改善环境景观设计的手法之一，有许多环境景观主体就是景观雕塑，所以，景观雕塑在环境景观设计中起着特殊而积极的作用，世界上许多优秀的景观雕塑都已成为城市的标志和象征。

　　《景观雕塑设计》一书由山东建筑大学艺术学院赵学强、胡天君和内蒙古民族大学贾良编著。本书强调：景观雕塑是敞开的、通透的、铺在大地上的艺术作品。在那里，我们可以深切地感受到大自然的呼吸，体会人与自然和谐共处的愉悦。它将教会学生如何在公共环境中利用雕塑对所有有形资源加以整合利用，成为体现人文关怀并充分体现民意的景观本身，而公众能真正融入其中时，人、雕塑、景观的距离将完全消失。倡导"环境意识化"的同时，也应注重艺术与技术的完美结合。同时也强调，艺术家与土地的接触能使之从工业产品中解放出来，以获得艺术创作的灵感。人是自然的人，像植物这种"材料"的季节感就最能直接体现自然生命周期。雕塑家须懂得顺应材料的属性，去建造人性的回归之路。

　　雕塑是一个专业性很强的艺术门类，以纯粹的形体、空间等来表现的方式并不能被大多数人深入地学习和掌握，而通常情况下能激发观众兴趣的内容往往与述事性以及象征性的文学语言等有关，这些属性仅有现实主义的作品表达最为充分。但公众对美的感受以及参与性却是与生俱来的，像造型景观这类无主题的艺术公共园区，公众并不费解，而且有很大的参与空间。所以，以公共领域为素材的景观雕塑，同时体现了人工督造与自然共生的特征，符合持续发展的生态人文观。这几乎调和了社会生态、自然生态与艺术生态的矛盾。将视点扩展成视野，提供一个放飞想象力、舒展生命力的空间，景观艺术可使人与自然焕然重逢。以可靠的、可亲的自然为媒质，是艺术向公众回归的最佳方式。

编　者
2012 年 1 月

目　录

第1章 概　　述

第 *1* 节 景观雕塑的概念

雕塑是人类创造的一种艺术形式，艺术是人们对审美需求最强烈的表达方式。景观雕塑引进了环境与公共性的观念，因而成为现代艺术中最为人们所接受的艺术形式。通过景观雕塑，人们能够看到各种形式、各种材料、各种观念的表现。

一、景观

景观，无论在西方还是在中国，都是一个美丽而难以说清的概念。地理学家将景观定义为一种表景象，或综合自然地理区，或呈一种类型单位的通称，如城市景观（见图1-1）、草原景观、森林景观（见图1-2）等；艺术家把景观作为表现与再现的对象，风景园林师则把景观作为建筑物的配景或背景；生态学家却将景观定义为生态系统或生态系统的系统。景观可以是一幅风景画，也可用来表达某一城市的地形或者从某一角度看到的地面景色（见图1-3、图1-4）。景观的初始意义是指一种瞬间的庄严、典雅的场景，有戏剧化的含义。我们实现的最伟大的进步不是力图彻底征服自然，不是忽视自然条件，也不是盲目地以建筑物替代自然特征、地形植被，而是寻找一种和谐统一的融合。为达到这种和谐统一，可以借助于调整场地和构筑物形式，使之与自然相适，如将山丘、峡谷、阳光、水、植物和空气引入规划之处，或在山川间、沿溪流和河谷慎重地布置构筑物，使之融入景观之中。因此，无论在西方或是在东方，景观都极重视画面效果，其造景过程极讲求画面的美学法则。

图 1-1　城市景观

图 1-2　森林景观

图 1-3　耶路撒冷圣殿山　　　　　图 1-4　耶路撒冷所罗门王子的神殿

所以，景观是风景，是视觉审美的对象；景观是栖息地，是人类生活其中的环境和空间；景观是生态系统，是一个具有结构和功能、具有内在和外在联系的有机系统；景观是符号，是一种记载人类过去、表达希望和理想而普遍认同和寄托的语言和精神空间。

二、景观雕塑

从东汉时期开始，佛教传入我国，世俗世界的一切艺术形式都为宗教和封建帝王的统治服务，雕塑也理所当然地被统治者们利用起来。迄今为止流传下来的一尊尊佛教雕像（见图 1-5），仿佛在向我们诉说着宗教辉煌的过去和统治者无上的权威。20 世纪以后，中国受到西方古典艺术的影响，艺术家们更加关注艺术的写实。这个时期的雕塑大多是主体性的、纪念性的伟人或人民群众形象的大型造像，具有非常明确的宣传功能和教育意义。雕塑发展到今天，艺术家们更加重视在传统雕塑的基础上展现个人的表现手法和艺术理念。可以说，现代雕塑的表现手法、材料的使用、构图立意更加贴近生活，更加具有感染力，使雕塑与环境、雕塑与人的距离拉近，慢慢形成了独特的景观雕塑（见图 1-6）。

图 1-5　龙门石窟雕像　　　　　图 1-6　日晷（上海浦东大道世纪雕塑，仲松）

　　界定景观雕塑并不是件容易的事。景观雕塑是以景观环境为平台的一种雕塑形式，其内容与表现形式多种多样。但是，景观雕塑是为特定的环境设计和创制的，与所在环境结合成有机整体是其基本特征和起码的要求。它有别于传统的、封闭的造型和纪念性雕塑，而是需要走近大众的空间。古今中外许多著名的环境景观都采用了景观雕塑的设计手法。有许多环境景观的主体就是景观雕塑，并且用景观雕塑来命名该环境。所以，景观雕塑在环境景观设计中起着特殊而积极的作用。

　　景观雕塑与近几年世界上流行的"公共艺术"、"城市雕塑"、"环境雕塑"等概念各有侧重，但又相通。景观雕塑主要包括设立在室外的、城市公共环境景观中的雕塑作品，可分为纪念性的、象征性的、标志性的、陈列性的、装饰性的、趣味性的、商业性的。景观雕塑在城市公共环境中可分为广场雕塑（见图1-7）、街区雕塑（见图1-8）、步行道雕塑、公共建筑雕塑、园林雕塑（见图1-9）、水景雕塑（见图1-10）、地景艺术、雕塑公园。

图1-7　普林斯顿大学校园广　图1-8　纽约街区雕塑
场上的静态雕塑

图1-9　我爱的人（细井严，1970　图1-10　水景雕塑
年，北海道带广雕刻之路图）

景观雕塑强调雕塑的景观化，它除了要具备创造性、独特性之外，还要考虑环境的整体性。好的景观雕塑能够营造出适宜的方位、角度、光照、方向、交通路线等视觉效果。作为整个文化的构成部分，城市景观艺术代表了城市、地区的文化水准和精神风貌。一些城市中优秀的雕塑作品以永久性的可视形象，使每个进入所在环境的人都会沉浸在浓厚的文化氛围之中，感受到城市的艺术气息和脉搏。景观雕塑还可起到调节城市环境色彩、调节人群心态和视觉感受的作用。近年来，我国景观雕塑建设始终把增添环境景观作为重点，景观雕塑绝大部分都被置放在公共空间中，基本转变了将雕塑设立在公园等半封闭环境中的传统习惯。一些景观雕塑因为可反映城市环

图 1-11　北京王府井大街景观雕塑

境或地区的某些方面（历史、地理、政治、传说、风俗等）的特点，从而被公认为该地区的标志，这种现象在其他造型艺术中是绝无仅有的。例如，北京西单文化广场和王府井步行街上的景观雕塑作品就是凭借其独特的艺术特色而成为北京最繁华地区的标志（见图 1-11）。

第2节　景观雕塑的特征

景观雕塑是为特定的环境或公共场所而设计、创作的艺术品，是面向公众的艺术形式。因此，景观雕塑也可称为"公共艺术"（见图 1-12）。"公共艺术"一词的使用一直存在争议，直到今天，无论在美国还是日本，有关其概念都没有一个统一的、明确的定论。公共艺术在不同的国家有着不同的称谓，如"公共建筑艺术"、"公共场所艺术"、"政府建筑中的艺术"等。它们都是由"艺术"和"公共"构成，其中"艺术"是中心词，"公共"是限定和修饰词。这具有两层含义：公共艺术是艺术，公共属性是其自成类别的界定核心（见图 1-13、图 1-14）。

图 1-12　比利时公共艺术

基于上述理解，景观雕塑应属于公共艺术形态的范畴，通常具备以下特征。

图 1-13　情侣凳（何镇海）

图 1-14　美国雕塑

一、景观雕塑的公共性

景观雕塑作为一种公共艺术形式，它是雕塑家的创作作品，是雕塑作品与环境融合而成的内容丰富的景观（见图 1-15）。景观雕塑排除了创作者情感经验、艺术观念、思想倾向、个人风格、实验艺术等满足了作者本身或一部分人的创作需求和无意识投射，在设置本质上是一种公共行为，是为公众反映和诉求其社会的、物质的、历史的、政治的需求而创作和制造的。在一个特定的环境中设置什么样的雕塑，应该有公众的参与和决定，再由艺术家来具体执行和操作。

景观雕塑大多放置在公共环境中。作为大众生活空间的一个重要组成部分，它时时刻刻刺激着身处在该空间环境中的人的感官，并将作者的思想感情传递给人们。这样的空间环境就要求景观雕塑必须具有公共性。通常所说的公共性，具体地说就是生活在现实社会中的人们都有参与其中并享受其带来的利益的权利；不论什么样的种族、肤色、阶层，具有什么样的文化背景和宗教信仰，人们在表达自己思想感情和选择生存方式时都是平等的。公共性是民主意识加强和社会开放程度扩大的必然体现。艺术的公共性在客观上促使景观雕塑作品要表达人们普遍认同的价值观念，使更多的受众产生共鸣。景观雕塑的公共性要求雕塑家在创作时，要考虑到作品本身必须具备大众认同的审美情趣和作品与周边环境及大众的和谐、亲近。

景观雕塑是人与社会环境和自然环境的交流，是与自然、社会发展的和谐统一。它的综合特征应该包括自然美学、环境、人文、生态等不同的角度，必须遵循公共的属性，方能融入公众的群体之中。"当代艺术有必要成为一种文化沟通与精神的激励，它

图 1-15　同一个词汇（亚特兰大分别用中、英、法、西班牙和阿拉伯文的"和平"、"友好"，镂空于象征四方汇聚的纽带；飘临在山巅的金字塔顶，象征人类和平友好理念的无尚崇高）

表现为对公共想象力的培养和对公众民主的培养。"群众个体对公共性的理解是不尽相同的，但自由和交流是公共性的基础。所以，并不是将雕塑作品放到公共环境中就是好的公共艺术。对艺术家来说，站在艺术的前沿、具有独创性，再加对公共事业的认真态度才能创作出好的公共艺术作品。为了使受众接受艺术家的独特视角，就必须将公共性和亲和力融入艺术语言中。

我们通常认为的雕塑大多是室内的架上雕塑，其实雕塑的造型和自由度更加适合室外环境（见图 1-16）。自古以来，雕塑大多是让观赏者走到近处进行欣赏。20 世纪以后，雕塑的发展慢慢使人们融入雕塑所在的景观当中，感受雕塑家所传递的思想感情和体会雕塑作品所蕴含的人文情怀。随着雕塑的发展，雕塑的尺度越来越大，并且已经离开基座成为景观本身（见图 1-17～图 1-19）。

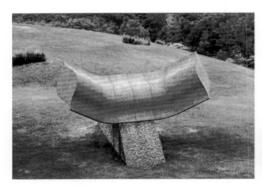

图 1-16　WIG（清水九兵卫，1986 年）

图 1-17　等待风的来临（渡边行夫，1985 年）

图 1-18　知性下沉（汤原和夫，1985 年）

图 1-19　我的天洞 85-7（井上武吉，1985 年）

景观雕塑的公共性要求作品必须与时代同步，无论是外在的造型设计还是内在的精神内涵，都应与当代人认同的审美情趣和思想意识同步；同时要求作品与所处空间环境必须达到和谐相容的关系，雕塑所处的空间更加广阔、开放，观赏者的欣赏角度更加丰富；景观雕塑的公共性还要求作品的形式美感要符合大众的审美要求，思想内涵要站在时代的前沿（见图 1-20、图 1-21）。

图 1-20   大广场（约翰迈斯）   图 1-21   美国芝加哥广场景观雕塑

二、景观雕塑的环境性

环境性是指景观雕塑与其所在的环境连接成的有机整体。因此，景观雕塑不是独立存在的，它是城市整体、建筑环境、森林公园等的组成部分或重要的构成元素，并与环境中的其他要素保持良好的沟通和互动。进一步说，离开了所处的环境，景观雕塑的本质和意义就会改变，成为另一种意义上的艺术品（如架上雕塑、工艺性雕塑等）。同时，若城市或建筑空间中缺少这些景观雕塑，环境也会变得不够完美。高品质的城市与建筑环境更应注重公共艺术的文化性、历史性，尤其应注重公共艺术与环境的协调与平衡，公共艺术不能成为环境的负担。

景观雕塑的环境性要求主题与内容的协调统一。主题与内容是一切人类艺术创造的自然存在，自然景观雕塑也脱离不了这个实质。环境的主题与内容说明了它的性质和特征，也就说明了"这里为什么是这样"和"这里我们能做什么"的问题。景观雕塑则解决了这样的问题。

景观与雕塑在主题与内容之间要有一个协调、统一的关系。这种关系要具有共同的准则、共同的价值、共同的认知语言、共同的伦理道德。景观雕塑作为公共环境的一部分，不能脱离环境这个大的主题，否则，这个雕塑存在的意义就会遭到人们的质疑，这种雕塑也就不再具有永恒性特征。历史变迁，许多人类智慧的结晶已不复存在，但是，用石、铜、陶、玉、泥等材料制作的雕塑，在经历了千百年后仍保存了下来，如陕西临潼的兵马俑（见图 1-22）、甘肃敦煌的彩塑（见图 1-23）、四川的乐山大佛（见图 1-24）以及埃及的胡夫金字塔（见图 1-25）等。

图 1-22   秦代陶俑   图 1-23   敦煌莫高窟彩塑

图 1-24 乐山大佛

图 1-25 埃及胡夫金字塔

　　当然，有的雕塑作品（如某些装置雕塑、实验雕塑等），是作者有意识地从个人的创作角度出发，从另一个角度阐释艺术的思想。这种雕塑作品在一定程度上满足了作者本身或一部分人的要求，但没有考虑到景观雕塑的公共性，所以不能称为景观雕塑。

三、景观雕塑的强制欣赏性

　　因为景观雕塑是为特定的环境而设计的，所以它本身就已成为环境整体不可分割的一部分。人们可以不去博物馆参观出土文物，也可以不去美术馆或画廊欣赏绘画或架上雕塑（见图 1-26），但只要人们处在环境中，就不得不看放置在其中的雕塑。强制欣赏性使得景观雕塑可以经常性地陶冶公众的心灵，教化人们的思想，引导人们的审美观。中国古代无数帝王通过佛教雕塑引导和教化人们的思想，在现代精神文明建设中，景观雕塑几乎发挥着同样的作用，这就要求设计者慎重地对待每一件景观雕塑（见图 1-27）。

图 1-26 荷系列（商长虹）

图 1-27 入流（默里·德瓦特，美国，铜、花岗岩）

四、景观雕塑的形式性

艾迪生说："我们一切感觉里最完美、最愉快的是视觉。它用最多样的观念来充实心灵，它隔着最大的距离来接触外界的东西；它能经久地连续运动而不感到疲劳，对本身的享受不感到厌倦；能包揽最庞大的形象，能摸索到宇宙间最遥远的部分。"形式美是指构成事物的物质材料的自然属性（色彩、形状、线条、声音等）及其组合规律（如整齐一律、节奏与韵律等）所呈现出来的审美特性（见图1-28）。形式美是一种具有相对独立性的审美对象。它与美的形式之间有质的区别。美的形式是体现合规律性、合目的性的本质内容的自由的感性形式，也就是显示人的本质力量的感性形式。形式美与美的形式之间的重大区别表现在：首先，它们所体现的内容不同。美的形式所体现的是它所表现的事物本身的美的内容，是确定的、个别的、特定的、具体的，并且美的形式与其内容的关系是对立统一、不可分离的。而形式美则不然，形式美所体现的是形式本身所包含的内容，它与美的形式所要表现的那种事物美的内容是相脱离的，而单独呈现出形式所蕴含的朦胧、宽泛的意味。其次，形式美和美的形式存在方式不同。美的形式是美的有机统一体不可缺少的组成部分，是美的感性外观形态，而不是独立的审美对象。形式美是独立存在的审美对象，具有独立的审美特性（见图1-29）。

景观雕塑的美的形式基本上可分为两种：一种是内在形式，指创作者所想表现的内容；另一种是外在形式，指内在形式的感性外观形态（如材质、线条、色彩、肌理、形状等）。人类可以通过肉眼观看到的美的对象，通常在外形上具有一定的特征，如均衡、对称、比例、节奏、韵律、变化、一致等（见图1-30）。

形式美是欣赏景观雕塑时首要的审美要求。设计师在确定题材、主题后进行造型创作时，面

图1-28　丹宁霍夫和马钦斯基（柏林）

图1-29　信息时代（张琨、胡冰，钢板喷漆）

图1-30　易（杨奉琛，中国台湾，不锈钢、玻璃）

临的第一个问题是构图的形式式样。有些主题要求庄严肃穆，构图式样应该是静态的稳定、持重。形式美具有普遍性，是美的法则。景观雕塑的形式美是绝对的，一件形式美的景观雕塑足以在雕塑史上占有一席之位（如布朗库西的作品《无限柱》，见图1-31）和引起人们的共鸣（如青岛五四广场的《五月的风》，见图1-32）。景观雕塑的形式美体现在千差万别的艺术形式之中，但它们也有着共同的规律。

图 1-31　无限柱（布朗库西）　　　　　　　图 1-32　五月的风（青岛五四广场）

（一）重点突出、层次明确

亚里士多德认为，"美在于事物的形式和比例"。特别是在一个由若干元素组成的整体环境中，每一个要素在整体中所占的比重和所处的位置都是非常关键的，都会影响到整体环境的统一性。组成景观环境的要素有很多种，如绿植、水体、雕塑、建筑、铺装、公共设施等。每一个要素都要根据环境的需要，表现出不同的比重和体量以及位置、形态等，从而形成一个有机的整体。突出主题、分清强弱，通过各种因素的合理安排达到所要表达的效果。这样看来，景观雕塑在整体环境中所占的比重就要作一个整体性的考虑。不同的环境中，景观雕塑所占的比重完全不同：在广场中可能会存在大型雕塑，在园林中可能会存在雕塑小品。大型雕塑给人以强烈的视觉冲击，雕塑小品则有画龙点睛的微妙之用。

（二）均衡

均衡具有动态均衡与静态均衡两种基本形式。所谓动态均衡，就是强调时间和运动这两方面的因素。在景观环境中，视点是不确定的，而是在连续的运动过程中完成的；运动的均衡则是强调环境以一个时间和空间周围贯穿的均衡关系。所谓静态均衡，就是在景观环境中以构图、空间体量、色彩搭配、材质等组合而成的一种相对稳定的平衡关系。这种平衡关系是建立在视觉感受基础上的，并非绝对的平衡（对称除外），见图 1-33。

均衡的原则体现在景观雕塑中，主要是对放置位置、体量、材质、形态与颜色的要求。

（三）节奏与韵律

亚里斯多德认为，"爱好节奏和谐之美的美的形式是人类生来就有的自然倾向"。节奏与韵律本是音乐术语，借用到视觉审美中，便是或鲜明、或微妙的对比关系与美妙的韵味与律动。古希腊、罗马雕塑讲究"三道弯"的节奏感，中国传统雕塑注重画面的气韵生动，气韵是指其节奏与韵律并巧妙运用。景观雕塑本身线条的互相穿插、形体的起伏变化，无不在其自身的艺术约束中，最大限度地追求着节奏与韵律的表现力与艺术魅力。

节奏是指画面上对比双方的交替形式，如明暗、强弱、粗细、软硬、冷暖、方圆、大小、疏密、紧松、急缓等对比因素，其搭配与反复出现的频率与对比关系就构成了画面的节奏感。韵律则是指画面上的启、承、转、合及一波三折的韵味与律动关系，如线条的运动轨迹，色调的微弱变化，笔墨的干、湿、浓、淡等节奏因素之间的过渡转换等。因此，画面上节奏与韵律的强弱与急缓如同音乐一般，会带给人视觉与心理上的快感与美感，好的节奏与韵律会使人神清气爽、赏心悦目，为艺术作品平添无尽的魅力与美感。景观环境与雕塑可以根据这

图 1-33　吻之门（布朗库西）

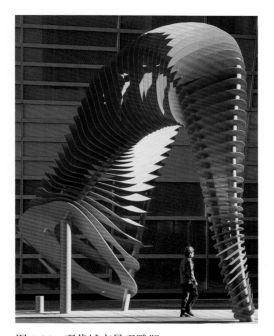

图 1-34　现代城市景观雕塑

一点，既加强整体的统一性，又可以求得丰富的变化（见图 1-34）。

（四）比例与尺度

1. 比例

达芬奇曾说："美感完全建立在各部分之间的神圣比例关系上。"我国古代画论早有"丈山尺树、寸马分人"之说。比例是指事物整体与局部及局部与局部之间的关系，一切造型艺术都存在比例是否协调的问题。协调的比例可以带给人们美感，使总的组合有理想的艺术表现力。比例是整体与局部之间存在的逻辑关系，是必然存在的关系。但是，

不可能找到一种普遍适合的绝对的比例关系。通常所说的"黄金分割"是通过科学的分析得出的结论，但科学的分析有着一定的局限性，并不能解决世界上一切比例问题，应根据不同的文化背景、不同的地域文化、不同的雕塑题材区别对待（见图1-35）。

图1-35 空相（关根伸夫）

2. 尺度

尺度是雕塑在视觉上的大小印象和真实大小之间的关系。尺度感是人在景观环境中寻找自身地位的一种印象，正确的尺度感满足了观众的视觉感受。人们约定俗成的一种正常的尺度观念来源于与人日常生活关系密切的物品的尺度。景观雕塑的尺度决定了其在整体环境中的亲近感与距离感，尺度的应用应根据环境的需要，具备整体的统一性。

一切艺术形式都要遵循形式美的法则，景观雕塑也不例外。但是，形式美提供的是一些标准与规则，并不能替代景观雕塑的创造性与表现性。它不是一切审美的标准，只是为我们提供了一定的理论支持，真正的审美感受还要从精神传达中获得。

第2章　景观雕塑的类型及功能

第1节　景观雕塑的类型

雕塑（sculpture）含有"雕"、"塑"两层意思，即雕刻与塑造。它是运用可塑性、可雕性的物质材料（如石、木、金属、石膏、树脂及黏土等），通过雕、刻、塑、铸、焊等手段制作的反映社会生活，表达审美理想的具有三维实体的造型艺术，是一种静态的、可视的、可触的三维实体，以主体的造型形象和空间形式反映现实，称为"凝固的舞蹈和诗句"（见图2-1）。随着时代的发展和观念的变化，现代艺术中出现了反传统的四维、五维雕塑，动态雕塑及软雕塑等（见图2-2），使人们改变了时空观念，突破了传统的三维静态形式，而向多维的时空心态方面进行探索。

图 2-1　雕塑（亨利 · 摩尔）

图 2-2　软雕塑

一、按形式分类

景观雕塑按形式可分为圆雕、浮雕和透雕（镂空雕）三种。

1. 圆雕

所谓圆雕，就是指非压缩的，可以多方位、多角度欣赏的三维立体雕塑。它是与被表现对象相似的、占有空间的实体构成的雕塑个体或群体，是在各个可视点都能感觉到其存在的可视实体。圆雕一般不带背景，它主要通过自身的形象和与之相协调的环境构成统一的艺术效果，通过集中、简练、概括地表达主题思想打动观众。圆雕一般放置在可供四面观赏的环境中，也有出于宗教等原因和环境本身的限制，只允许或要求有一个或几个观赏面的，如石窟艺术和庙宇中的佛像和壁龛等建筑雕塑中的圆雕，如《思想者》（见图2-3）《卢舍那大佛》（见图2-4）。雕塑内容与题材丰富多彩，可以是人物，也可以是动物，甚至静物；材质上更是多种多样，有石质、木质、金属、泥塑、纺织物、纸张、植物、橡胶等（见图2-5）。

图2-3 思想者（罗丹）

图2-4 卢舍那大佛（龙门石窟）

图2-5 雾（纸，杨春临）

图2-6 加莱义民（罗丹）

　　圆雕呈立体状，观众可从多角度去欣赏它。例如，查德金的《被毁灭的鹿特丹市》虽然只是一个夸张扭曲的人体，但人们可以通过不同的角度欣赏，欣赏到扭曲的形体带来的视觉张力，人物的动态表现出了战争给人们带来的悲痛。如果是群像，观众绕雕塑一圈，则可以看到前后左右各个人物的不同动作和神态，从而展开丰富的联想。又如，罗丹创作的《加莱义民》分为两组，前边三个一组，后边三个一组，他们身材相似，站立在一起（见图2-6）。中间一个头发稍长，眼睛向下凝视的，是最年长、最有声望的欧斯达治，他迈着沉重的步伐向前走去，不看四周，也不迟疑和恐惧。他那刚毅的神情，显示了他内心的强烈悲愤与牺牲的决心。由于他的坚强，鼓舞着其余的人。最右边站立的一个稍为年轻的人，皱起的双眉和紧抿的嘴流露着悲愤，两手紧握着城门钥匙，他茫然地望着前方，似乎感到命运的不公平，在心中无声地抗议。右边第三个义民，死亡使他恐怖，他用双手遮住眼睛，似乎想驱散噩梦，但仍不能摆脱这一悲惨的命运。左边第二个，内心表现出无比的愤怒，那举手向天的手势，不是祈祷，而是对上帝未能主持正义的谴责。他目光向下凝视，半开着的口似乎要说些什么。他身边的一个义民年纪较轻，充满爱国热情，但由于想到转瞬间将离开人世，又不免产生生离死别的悲愤情感。他皱起眉头，摊开双手，表现出无可奈何的神态。在他们身后的一个义民两手抱头，陷入无比的痛苦之中。虽然后面的三个义民没有前面三个那么坚定、勇敢，但他们仍然为了全市人民作出了自我牺牲，这种壮举同样值得尊敬。群像富有戏剧性地被排列在一块像地面一般的低台座上。这六个义民的造型独立，然而其动势又相互联系着。组雕是一个整体，是一个展示可歌可泣的义举形象的整体。要绕雕塑一圈，才能看到群像的全貌和每个人物的精神状态。

由于圆雕的表现手段极为精练，因此它要求高度概括、简洁，要用诗一般的语言去感染观众。正因为如此，硬要它去表现过于复杂、过于曲折、过于戏剧化的情节，将无法体现圆雕的特点。圆雕常常以寓意和象征的手法，用强烈、鲜明、简练的形象表现深刻的主题，让人难以忘怀，如矗立在俄罗斯伏尔加勒玛玛耶夫高地上的《祖国母亲》（见图 2-7）和莫斯科全苏农业展览会的《工人和集体农庄女庄员》（见图 2-8）。形体起伏是圆雕的主要表现手段，如同文字之于文学、色彩之于绘画。雕塑家可以根据主题内容的需要，对形体起伏大胆夸张、舍取、组合，不受常态的限制。形体起伏就是雕塑家借以纵横驰骋的广阔舞台，如马约尔（1861 ～ 1944 年）的《河流》（见图 2-9）、《地中海》（见图 2-10）等。

2. 浮雕

浮雕是雕塑与绘画结合的产物，常用压缩的办法来处理对象，靠透视等手法来表现三维空间，是介于圆雕与绘画之间的一种艺术形式。浮雕只有一个观赏面，以一块底板为依托，是由占有一定空间的被压缩的实体构成的雕塑个体或群体。浮雕中表现的形体和底板平行的二维尺度长宽的比例不变，只压缩形体的厚度。压缩的原则是根据

图 2-7　祖国母亲（叶甫盖尼·武切季奇）

图 2-8　工人和集体农庄女庄员

图 2-9　河流（马约尔）

图 2-10　地中海（马约尔）

透视的规律，按比例近高（厚）远低（薄），在限定的空间（厚度、深度）内表现出更大的形体。浮雕的底板作背景处理，可加大作品的空间深度。浮雕按压缩的程度可分为高浮雕与低浮雕，另外还有线刻等（见图 2-11～图 2-13）。

　　高浮雕由于起位较高、较厚、形体压缩程度较小，因此，其空间构造与形态特征更加接近圆雕，甚至有些局部的处理完全采用圆雕的处理方式。高浮雕往往利用三维形体的空间起伏或夸张处理，形成浓缩的空间深度感和强烈的视觉冲击力，使浮雕艺术对于形象的塑造具有一种特别的表现力与张力。法国戴高乐广场凯旋门上的浮雕建筑《1792 年的出发》（见图 2-14）即为高浮雕的典型代表作。艺术家将浮雕与圆雕的处理手法加以结合运用，充分表现出了人物错综复杂的、高低起伏变化的复杂关系，给人以强烈的、铺面而来的视觉冲击力。

图 2-11　巴黎广场高浮雕（波松，大理石，1880～1910 年）　　图 2-12　梅和他的妻子（低浮雕、石灰岩，公元前 1280 年）

图 2-13　长颈鹿群（岩刻，公元前 2000～公元前 1500 年，尼日利亚）　　图 2-14　1792 年的出发（弗朗索瓦·吕德）

　　高浮雕以高起位的处理手法，使其在光线的照射下产生强烈的光影变化，犹如波涛汹涌的大浪，给人以强烈震撼。所以，高浮雕适合表现大题材，放置在室外环境中。

浅浮雕起位较低，形体的压缩较大，平面感更强，更大程度上接近于绘画的表现形式，或采用等比例压缩的手法来营造抽象的错觉空间。这有利用加强浮雕适合于载体的依附性。美索不达米亚的古亚述人，也许是最擅长于用此手段进行艺术表现的艺术家。在一系列的《亚述人狩猎图》中，他们很好地利用了浅浮雕手法，富有节奏感和韵律感地表现出充满生气的艺术形态。其中，《受伤的牝狮》是其中最精彩的部分（见图2-15）。它描绘的是亚述王亚述巴尼帕王猎狮的情景。身中三箭的母狮满身鲜血，后半身瘫痪在地，似乎已在死亡的边缘苦苦挣扎。但它仍撑起前脚，痛苦却不屈服地昂首怒吼，极其悲壮。浮雕的线条准确、生动，对于瞬间动态的把握更是精妙，它突出地体现了亚述帝国艺术家善于细致入微地刻画形象的艺术才能。同时，在这受伤的牝狮的身上，似乎也流露出亚述人对顽强、刚毅性格的赞赏。

浅浮雕起位较低，在光线的照射下会产生柔和的光影变化，像涓涓细流的小河，适合作为装饰放置在室内（见图2-16、图2-17）。

线刻是绘画与雕塑的结合，它靠光影产生一些微妙的起伏，给人一种淡雅、含蓄的感觉，如中国的汉画像砖。

3. 透雕

去掉底板的浮雕称为透雕（镂空雕）。浮雕去掉底板，从而产生一种变化多端的负空间，并使负空间与正空间的轮廓线有一种相互转换的节奏。过去这种手法常用于门窗栏杆家具上，有的可供两面观赏，是在浮雕的基础上镂空背景部分，介于圆雕与浮雕之间的一种雕塑，从艺术效果上分为单面雕和双面雕，如《彩绘透雕小座屏》（见图2-18）。

图2-15 受伤的牝狮（公元前668～公元前627年，亚述）

图2-16 陶壁（会田雄亮，1992年）

图2-17 宫伟（山东日照开发区法院大厅浮雕）

图2-18 彩绘透雕小座屏

二、按材料分类

景观雕塑使用的材料种类很多，按所用的制作材料分类，可分为石雕、木雕、泥塑、陶塑、金属雕塑、玻璃钢雕塑等。在雕塑上施以粉彩叫做彩雕或彩塑。

1. 石雕

石雕，指的是用石材进行创作的雕塑。石雕中常用的石材有花岗石、大理石、砂岩、青石等。石材质地坚硬、耐风化，肌理明确，是大型纪念性雕塑的主要用材。大型石雕有号称"山雕刻"的美国拉什莫尔山国家纪念碑（见图2-19）、中国的乐山大佛及云冈、龙门等大大小小的石窟造像（见图2-20、图2-21）。

图2-19　美国拉什莫尔山国家纪念碑

图2-21　云冈石窟

图2-20　乐山大佛

（1）花岗岩。花岗岩是一种岩浆在地表以下凝结形成的火成岩，主要成分是长石和石英花岗岩，其质地坚硬，很难被酸碱或风化作用侵蚀，常用作雕塑和建筑物材料，外观色泽可保持百年以上。很多室外的雕塑作品都以花岗岩作为首选对象。花岗岩的颜色主要分为红、黑、绿、花，其中花系列的应用最为广泛，如广州标志性景观雕塑《五羊雕塑》（见图2-22）、兰州的景观雕塑《黄河母亲》（见图2-23）等。

（2）大理石。大理石属于石灰岩，是在长期的地质变化中形成的。大理石因产于云南省大理而得名，其剖面可以形成一幅天然的水墨山水画。古代常选取具有成型的花纹的大理石来制作画屏或镶嵌画，后来大理石这个名称逐渐发展成一切有各种颜色花纹的、用作建筑装饰材料的石灰岩的统称。白色大理石一般称为汉白玉，它包括大理岩、白云质大理岩、蛇纹石大理岩、结晶灰岩及白云岩等。大理石质感柔和、美观庄重、格调高雅，是装饰豪华建筑的理想材料，也是艺术雕刻的传统材料。但由于大理石瑕疵太多、价格较高，因此适合作为小面积的雕塑装饰。大理石没有花岗岩那么坚硬，因此容易磨损，不适宜在室外展放。古希腊及欧洲众多的优秀人物雕刻多用大理石完成，如《断臂的维纳斯》《大卫》等，北京天安门广场人民英雄纪念碑基座上的浮雕也是采用大理石雕刻而成（见图 2-24）。

图 2-22　广州五羊雕塑（尹吉昌）

图 2-23　黄河母亲（何鄂，1986 年）

图 2-24　八一南昌起义（肖传久）

　　（3）砂岩。砂岩由碎屑和填隙物组成，碎屑成分以石英为主，其次是长石、岩屑、白云母、绿泥石、重矿物等。砂岩是人类使用最为广泛的石材，其高贵典雅的气质、天然环保的特性塑造了建筑史上的朵朵奇葩。数百年前用砂岩装饰而成的罗浮宫、英伦皇宫、美国国会大厦、哈佛大学、巴黎圣母院等至今仍风韵犹存，经典永在。砂岩作为雕塑材质必须有化学物质为媒介，因此，其结实程度没有花岗岩和大理石好，且颜色均匀程度也较前两者差些（另有人工砂岩，在玻璃钢雕塑中介绍）。

（4）青石。青石主要是浅灰色厚层鲕状岩和厚层鲕状岩夹中豹皮灰岩。面呈灰色，新鲜面为深灰色鲕状结构、块状构造及条状构造。青石由鲕粒和胶结构两部分组成。鲕粒约占60%，粒径为0.5mm，具有放射状和同心环结构，多为正常鲕和变品鲕，局部见变形鲕；胶结构为细晶解面及少量黏土。豹皮灰岩一般为浅灰~灰黄色，新鲜面呈棕黄色及灰色，局部褐红色，基质为灰色，多是细粉径晶方解石，宜用于制作浮雕，造价偏低。

2. 木雕

凡是由木材雕刻而成的艺术造型均称为木雕。木雕在我国有7000多年的历史，最早发现是在新石器晚期。木料雕塑因材料本身容易干缩、湿胀、翘裂、变形、霉烂、虫蛀，不宜制作永久性大型室外雕塑，一般多为小型架上室内雕塑用材。木雕构图一般以圆木的周边为限，利用树木弯曲的自然形态，因材施艺少加斧凿，可以不失天然趣味。常用的木材有楠木、檀木、梨木、樟木、龙眼木、核桃木、乌木、梨木、楷木、杉木、花梨木等。木雕可利用材质的自然形态和美丽纹理，雕刻出视觉感受独特的作品（见图2-25）。

图2-25 修复嬷嬷人（殷晓峰）

图2-26 东阳木雕之一

近代以来，特别是在20世纪50年代或近期，木雕艺术得到了很大的发展，广泛分布于我国各地。著名的木雕品种有：

（1）浙江东阳木雕。被誉为我国木雕之乡的浙江东阳有千余年的木雕历史，北京故宫及苏、杭、皖等地都有精美的东阳木雕留传下来。东阳盛产适于雕刻的樟木，其雕刻作品应用在建筑、装饰等各领域。特别是木浮雕，其借鉴了传统散点透视的方法、俯视透视法构图，构图饱满，多而不乱，层层镂空，保留平面，不伤整料。东阳木雕又称"白木雕"，自唐至今已有千余年的历史，是中华民族最优秀的民间工艺之一，被誉为"国之瑰宝"。东阳木雕与青田石雕、黄杨木雕并称"浙江三雕"。相传早在1000多年前，东阳人就开始其木雕的历史，他们世代相传，创造了众多的千古佳作，造就了上千的木雕艺人，从而成为著名的"雕花之乡"。东阳木雕能在众多雕刻中脱颖而出，与其本身的艺术风格和地方特色密切相关（见图 2-26），具体表现如下：

1）雕刻用材。相对于因雕刻用材而闻名的乐清黄杨木雕、福建龙眼木雕，东阳木雕以色泽淡雅、纹理致密、香气浓郁、防蛀耐腐、不易变形开裂的地产樟木为主要用材，同时在满足其对雕刻用材的特定要求的前提下，可采用椴木等外地木材替代，用材面较宽。

2）雕刻技法。相对于以圆雕技法为主的乐清黄杨木雕，东阳木雕以平面浮雕为基本雕刻技法，是一种装饰性浮雕。其平面浮雕依据表现对象的要求，按雕刻深度可细分为阴雕、薄浮雕、浅浮雕、深浮雕、透（拉）空雕、镂空雕、高浮雕乃至多层叠雕等。在构图技巧上采用散点透视、线面结合、适当保留平面的方法，以构图饱满、层次丰富见长。同时，东阳木雕十分强调平面装饰，从框架结构到边线纹饰处理，处处洋溢着一种装饰美。

3）作品表面处理。相对于漆朱贴金、金碧辉煌的广东潮州金漆木雕和宁波朱金木雕，东阳木雕以保留原木本色纹理、不施重彩深色、崇尚素淡清雅为特色，故又称"白木雕"。

4）雕刻题材。东阳木雕以层次和高远的手法来处理透视关系，可以不受"近景清楚、远景模糊"等西洋雕刻（焦点透视）的束缚，因此具有更强的表现力，特别适合表现故事性较强的题材。凡吉祥动物、神话传说、寄情花木、风流人物、民族风情、冶性书法、抽象图案等，均可雕刻。可以说，凡能入诗入画的题材，东阳木雕均能表现。这就给了艺人们广阔的表现舞台，使得东阳木雕争奇斗艳、美轮美奂（见图 2-27）。

图 2-27　东阳木雕之二

（2）浙江宁波朱金木雕。朱金木雕是木雕上贴朱金漆的木雕工艺，其造型古朴生动、刀法浑厚、金彩相间、热烈红火。木雕构图饱满、雕刻精美，内容多是喜庆吉事、民间传说等，具有宁波独特的地方风格。朱金木雕以樟木、椴木、银杏木等优质木材做原料，由浮雕、透雕、圆雕等形成，运用了贴金饰彩，结合砂金、碾金、碾银、沥粉、描金、开金、撒云母、铺绿、铺蓝等多种工艺手段，并涂以中国大漆而成。唐代高僧鉴真及其弟子在日本建造的昭提寺就采用了很多朱金木雕作装饰，其中讲经殿、舍利殿等的朱金镂雕风格与现存的宁波阿育王寺装饰雕刻十分接近。朱金木雕工艺已有 1000 多年的历史。它源于汉代的雕花髹漆和金箔贴花艺术，属彩漆和贴金并用的装饰建筑木雕，多用于寺庙的建筑装饰与佛像制作。宁波朱金木雕的人物题材多取自京剧人物的姿态和服饰，称为"京班体"。相传 100 年前，宁波城内有一位徐莜照师傅，能雕大过 1 丈、小至 1 寸的各类人物。他每次从城隍庙看戏回来，戏里人物的骨架就已想好。京班体的构图格局均采用主视体，将近景、中景和远景处理在同一平面上，前景不挡后景，充实饱满、井然有序；在表现手法上，采用"武士无颈，美女无肩，老爷凸肚,武士挺胸"的民间表现手法,使传统的宁波朱金木雕妙趣无穷、引人入胜。朱金木雕的漆工修磨、刮填、彩绘、贴金和描花都十分讲究,所以有"三分雕、七分漆"之说。正是这种工艺,使朱金木雕产生了富丽堂皇、金光灿烂的效果,颇具地方特色(见图2-28)。

(3)浙江黄杨木雕。 黄杨木主要产于温州、乐清等地,其木质坚硬、表面光滑,但生长缓慢、木料较小,适合雕刻小件作品。黄杨木雕因所雕刻木材是黄杨木而得名,其操作比较细致,分为构思草图、塑制泥稿、选用木料、操作粗坯、镂雕实坯、精心修细、擦砂磨光、细刻发纹、打蜡上光、配合脚盆等十多道工序。其中,镂雕技法是木雕中最精巧的一门技艺,它能使作品空灵剔透、玲珑精巧、雅致美观,并产生动态。黄杨木雕最早是作为立体雕刻的工艺品单独出现,供人们案头欣赏。目前有实物可查考的是元代至正二年(公元1342年)的"李铁拐"像,现保存在北京故宫博物院。明清时期,黄杨木雕已经形成独立的手工艺术风格,并且以其贴近社会的生动造型和刻画的人物形神兼备而受到人们的喜爱,内容题材大多表现中国民间神话传说中的人物。晚清民国以后的黄杨木雕圆雕小件以其古朴而文雅的色泽、精致而圆润的制作工艺,以及适宜把玩和陈设等特点,一直深受收藏者的喜爱,而朱子常的黄杨木雕作品更是收藏界梦寐以求的精品。 乐清黄杨木雕有三种类型,其造型理念、技艺及程序都不一样。一是传统类,以单一的人物造型为主,亦有群雕或拼雕;二是根雕类,以天然黄杨木根块为材料,利用树根造型;三是劈雕类,将无法用作人物雕刻的木块劈开,取其劈裂后的自然纹理立意雕刻,一切顺其自然,

图 2-28 浙江宁波朱金木雕

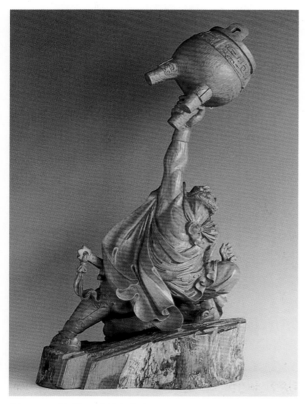

图 2-29 楚霸王(吴尧辉)

不作精雕细刻。传统类的雕刻有人物范型，材型要与之相适合，故有泥塑构稿、选材取料、敲坯定型、实坯定格等程序；而根雕则随机应变，构思的灵活性很大，无需泥塑构稿，而必须注意保持树根特有的造型意味；劈雕则将注意力转移到纹理的造型基础上（见图 2-29）。

（4）福建龙眼木雕。龙眼木雕是福建木雕中最具代表性的工艺品，也是我国木雕艺术中独具风格的传统工艺品，因其使用的雕刻材料是福建盛产的龙眼木而得名。龙眼木（即桂圆树）材质坚实、木纹细密、色泽柔和。老的龙眼树干，特别是根部，姿态万千，是木雕的好材料。龙眼木雕以圆雕为主，也有浮雕、镂透雕。作品需经打坯、修光、磨光、染色、上漆、擦蜡、装牙眼等十多道工序才能完成。打坯方式尤为特殊，最著名的说法为"五头抱一头"，即膝盖头、手腕头、两肩膀头和头部都挤于一块的姿态。这是刻小件作品的特征，即将木坯放在一个近 80cm 的木墩上，用脚板挟住加工件，再抢杆下刀。雕刻大件作品时，通常使用斧头砍劈出坯。熟练的技工有"一斧抵九凿"之功，即几斧就能砍出作品的动态轮廓。龙眼木雕造型生动、稳重，布局合理，结构优美，既有准确的解剖原理，又有生动的夸张变形。刀法上既有粗犷有力的斧劈刀凿感，又有细腻娴熟的刻画。人物形神兼备、衣纹流畅，富有不同的质感。产品色泽古朴、稳重，具有"古董"之美。福州龙雕艺人主要有象园村的柯派（柯世仁）、大坂村的陈派（陈天锡）、雁塔村的漆器派（王清清）。由于适宜雕刻的天然树根不易取得，大坂村的艺人陈天锡采用当地盛产的龙眼木材（即桂圆树），用其根部或节疤雕刻成天然根状，或以香火烙成腐蚀疤节，再刻成人物、飞禽、走兽等。后来，象园村的艺人们也随之普遍使用龙眼木进行雕刻，从而形成了福建特有的龙眼木雕工艺品。柯派不但精于景物的设计布局，还善于运用机械原理，使作品能够活动，从而增加了作品的情趣和意境。当时陈派还创造性地采用骨、玻璃来制作牙、眼，并将其装配在龙眼木雕的人物、动物上，使作品富有生气。漆器派比较擅长雕刻图案花纹，以及和漆器相结合的浮雕花鸟作品，作品构图错落有致、装饰性强，丰富了福州的漆器装饰技法。

（5）广东金木雕。金木雕又称金漆木雕，其特点是先木刻后贴金。漆是为金箔附于木上粘贴配置的，起防潮、防腐的作用。金漆木雕以庄严华丽、金碧辉煌、玲珑剔透、装饰感强而闻名于世。在艺术上，金木雕有其独特的风格：构图上，吸收了中国绘画散点透视的传统技法；人物题材作品上，往往依据故事情节的发展和题材内容的需要，把不同时间、空间的人物组合在同一画面上，分成主次和上下，采用"之"或"S"形的构图形式，依次联系起来，来龙去脉交代清楚，层次分明、布局匀称，使之成为有机的整体。金木雕雕刻技法多样，尤其以多层次的镂雕见长，一般为 2～6 层，镂空穿透，最适宜表现亭台楼阁、花篮、蟹笼等。不论人物和景物，都采用夸张的手法，富有装饰性，趋向于图案化。有的挂屏通体贴以金箔，以朱红漆托底，使镂雕部分的金箔与底部的朱红漆相辉映，显得富丽华贵。用于建筑装饰的作品，人物的身长往往只有 5 个头位，或景小于人，树叶比人的脸部还大等，虽然不合乎解剖和透视的原理，但由于符合人们仰视观赏和构图上的需要，却取得了良好的效果。

其他较为著名的金木雕还有北京工艺木雕、苏州木雕小件、潍坊红木嵌银、武汉木雕船、泰州彩绘木雕、山东曲阜楷木雕、贵州苗族龙舟雕等，都具有民族地方特色。

除了传统的木雕外，由于时代的不同和审美观念的变化，不少当代艺术家对于木材的使用表现出任意性、反传统性和逆规范性，以充分展现自然美为出发点，巧妙地利用木材自身的造型、肌理，并采用多种制作手法，创作出了不同肌理、形态脱俗的木雕作品。

3. 泥塑（彩塑）

彩塑在我国雕塑史上占有重要的地位，有着悠久的历史，具有鲜明的民族、民间色彩。彩塑的特点是造型与彩绘结合完成整体形象，塑造造型时必须为彩塑的实施考虑，形体塑造要比一般雕塑概括、单纯，有"三分塑、七分画"之说。

图 2-30　山东济南灵岩寺（彩塑）

彩塑是用细质黏土、沙子、棉花等混合物来雕塑作品，要通过多次的干后修补，用胶水裱糊上一层棉纸，再涂上一层白粉胶色，然后画上需要的各种颜色，最后涂上一层油，保护彩色的鲜艳。中国彩塑艺术源远流长，大多体现在佛教造像艺术上，典型的彩塑有敦煌石窟、辽代华严寺、宋代晋祠、明代山西平遥双林寺、济南灵岩寺（见图 2-30）、云南筇竹寺、清末天津泥人张等。

彩塑的制作流程为：做小稿→扎架子→绑麦秆→塑造用泥制作→裱纸或打底白粉→彩绘→沥粉。

（1）做小稿，准备扎架子的用料。做小稿可以充分验证雕塑方案的可行性，还可以作为比例尺应用，可以按比例放大稿。小稿的材料可以用泥塑制作，也可以翻制成硬质材料。

（2）扎架子。扎架子是小型泥塑与大型泥塑的区别之处，大中型泥塑都需要扎架子。架子形成的空间深度决定了泥塑像的体量空间。因此，架子的中心线与泥塑的相对应部位的中心线相同。扎架子时应注意雕塑的体量，彩塑的扎架子与课堂习作不同。课堂作业如果架子露在外面，在翻制时可以去掉，但彩塑则不同，架子如果扎不好，将影响整个雕塑的进程。

（3）绑麦秆。绑麦秆是指架子扎好以后，就可根据各部位的体量，在架子上绑好厚薄不一的麦秆。加麦秆的目的是使外面的泥料在干燥收缩时有收缩的余地，以减小泥料的开裂程度。

（4）塑造用泥制作。彩塑的用泥一般可分为粗沙泥、细沙泥、棉花泥三种。用含沙泥的目的是减少泥巴干燥时的收缩程度。

　　1）粗沙泥：用在麦秆的外面、细沙泥的里面，是三种泥中最厚的一层。

　　2）细沙泥：用在粗沙泥的外面、棉花泥的里面，沙子的颗粒越小越好。

　　3）棉花泥：用在泥塑的最外层，棉花揪送与泥掺在一起，反复捶打。捶打一遍加一遍棉花，如此反复，直到可用为止。

　　（5）裱纸或打白粉底。泥塑完成后，为了确保色彩鲜艳和施粉方便，可以用白粉打底。

　　（6）彩绘。彩绘可以选择矿物质颜料，因为它们更耐久。市场上没有销售的颜色，可以用同类的陶瓷釉色烧结后碾粉调用。金银色的采用可用贴金银箔的方式代替。

　　（7）沥粉。彩绘中的沥粉是指画出有立体感的线条。沥粉所用的材料是将清漆与立德粉调和至合适的状态而得。

　　至此，彩绘工艺即完成。

　　4. 陶瓷雕塑

　　陶瓷产于中国，它是用精制的黏土，经过雕塑成型，绘以各种釉彩，入室火烧而成。陶瓷雕塑品种很多，具有实用性、观赏性等，典型的陶瓷雕塑有秦代的《兵马俑》、东汉的《说唱俑》、明代的《达摩过江》等。

　　陶瓷雕塑通常分为以下几类：

　　（1）器皿形的陶瓷作品。这类作品以陶为媒材，利用陶土特有的质感，隐喻本真的回归，探索纯粹的形式构成。但它和传统器皿注重实用不同，现代陶瓷实用和美的功能开始分离，重新塑形成陶艺新的课题。

　　（2）陶瓷雕塑类作品。这类作品侧重自我观念的表达，艺术家可以把这种对于自我的探求诉诸艺术作品之中。陶艺作为表现自我的手段，艺术家在作品中倾注了某种感情或认知，敏感地把握住自我的生存状态，实际上也就表现了当代社会生活的共同经验（见图2-31）。

　　（3）景观陶瓷作品，即陶瓷与其他材质相结合，从而组成环境艺术的一部分。这类陶瓷作品完全摆脱了传统意义上的陶瓷概念，从室内走向公共空间，从实用发展为以观赏性为主

图2-31　世纪娃（姚永康）

图 2-32　亚洲艺术之门一（魏华、陈舒舒）

图 2-33　亚洲艺术之门二

（见图 2-32、图 2-33）。

陶瓷雕塑的工艺流程如下：

（1）淘泥。淘泥是制瓷的第一道工序，即把瓷土淘成可用的瓷泥。

（2）摞泥。淘好的瓷泥并不能立即使用，而要将其分割开来，摞成柱状，以便于储存和拉坯用。

（3）拉坯。将摞好的瓷泥放入大转盘内，通过旋转转盘，用手和拉坯工具将瓷泥拉成瓷坯。

（4）印坯。拉好的瓷坯只是一个雏形，还需要根据要做的形状，选取不同的印模将瓷坯印成各种不同的形状。

（5）修坯。刚印好的毛坯厚薄不均，需要通过修坯这一工序将印好的坯修刮整齐和匀称。

（6）捺水。捺水是一道必不可少的工序，即用清水洗去坯上的尘土，为接下来的画坯、上釉等工序做好准备。

（7）晾干。使坯中的水分完全挥发，以备素烧或釉烧。

（8）画坯。在坯上作画是陶瓷艺术的一大特色，是陶瓷工序的点睛之笔。画坯有多种，有写意的，也有贴好画纸勾画的。

（9）上釉（也可素烧）。画好的瓷坯，粗糙而又呆涩；上好釉后则全然不同，光滑而又明亮，而且不同的上釉手法，又有全然不同的效果。

（10）烧窑。千年窑火，延绵不息，经过数十道工具精雕细琢的瓷坯，在窑内经受上千度高温的烧炼，终可产生美丽的蝶变。

5. 金属雕塑

金属雕塑是用铜、铁、铝、不锈钢等金属材料，经过铸造、锤打、拼焊等手法雕塑而成的作品，一般适宜制作大型永久性雕像。金属雕塑具备其他材料所不具备的重量感和质感，所以一直为雕塑家常用的材料。早在 1914 年，毕加索就在其雕塑作品《乐器》（Musical Instrument，1914 年）中开始使用具有现代意义的材料语言。虽然它还只是一件有很强的平面拼贴味道的作品，但它已经彻底摆脱了雕塑作品的主题对于形体语言的依赖，以作品自身所包含的形体空间变化的秩序，代替了对于自然现象的描写。更为重要的是，在这件作品里，我们第一次感受到了材料的语言，而且这种语言是通过一种新的方法"制作"出来的，就像木匠做桌椅板凳一样（见图 2-34）。

下面对不同材料金属的制作流程和加工工艺作一简单介绍。

（1）铸铜。铜雕产生于商周时期，是以铜料为坯，运用雕刻、铸塑等手法制作的一种雕塑。铜雕艺术主要表现了造型、质感、纹饰的美。古代铜雕多用于表现神秘而有威慑力的宗教题材，其造型多呈威严粗犷、端庄沉稳之态，表现出坚实浑厚、富丽辉煌的质感。铜雕的纹饰主要为饕餮纹，或以动物头部造型，再以鸟、兽、虫、鱼部分形体组成抽象的图案来衬托铜雕造型。中国历史上重要的铜雕艺术品有晚商的"司母戊"鼎以及汉代的"马踏飞燕"等。铸铜工艺比锻铜复杂，艺术创作的复原性好，因此适合作为精细作品的材料，很受艺术家的喜爱。近代人物雕塑尤为常见，典型的代表作为罗丹的《青铜时代》（见图 2-35）；中国现代城市景观雕塑中，众多的名人塑像也大多采用铸铜工艺，如山东济南泉城广场文化长廊众多的齐鲁名人塑像。但是，铸铜容易氧化，所以要多注意保养。主要制作流程如下：

图 2-34　毕加索

图 2-35　青铜时代（罗丹）

1）泥塑（每一件产品的前身都需要一个泥塑原型。雕塑是雕塑师在原创预设稿的基础上反复揣摩、推敲之后进行的再创作，泥塑的造型、精神韵味及意图的呈现直接影响此后产品的好坏）。

2）矽胶开模［矽胶，英文名称矽利康（Silicon），通常用于制作模具，精细度高］。

3）制作树胶原型［聚乙烯，又称波丽（Polyethylene）。矽胶模具制作完成后，就可以灌制出雕塑原型的树胶坯体］。

4）修整树胶胚体（对胚体表面进行最后的打磨及肌理效果的处理及调整）。

5）再制作矽胶模具（将修整好的树胶胚体再次制作成矽胶模具）。

6）制作石蜡原型（再次制作出来的矽胶模具已经很完整了，加热熔融的石蜡被加压射入矽胶模具，从而打造出一个蜡胚。此蜡坯则为将生产产品的真实外形复制品）。

7）石蜡原型修整［从矽胶模具中灌制并剥离出来的石蜡原型，其表面遗留有模具的模线及少许损坏，所以石蜡原型需要再对照流程3）中的树胶原型胚体作修整。这是很重要的一环，会直接影响到产品最后的造型及表面效果］。

8）砂模（陶壳）制作［将多个蜡胚组成树串，连续多次重复浸入泥浆（或称石浆），外层包埋并除湿干燥，将陶壳制成9mm（5～7层）厚，再将此树串放入高热140～160℃烘箱或高压蒸汽锅内消融蜡胚，直至成中空陶壳］。

9）锻造（上一道工序的中空陶壳被放入加热，使黏结炉依不同合金材料以1000～1150℃加热使黏结，立刻将铜液铸入陶壳，冷却后将外层陶壳震破，剥离出来的就是铜质的产品粗胚体）。

10）产品铸件修整及表面处理（对锻造出来的铜产品作喷砂及清洁处理，并作切割、研磨、热处理、整形、机加工、抛光等最后处理）。

（2）锻铜。锻铜浮雕（又称錾铜或敲铜）是一种区别于铸铜的工艺，是在铜板上进行创作，利用铜板的延展性，加热后质地变软，锤打后又恢复坚硬的特性，最终制作出艺术作品或其他生活、工业用品的錾刻工艺。錾刻工艺的操作，是在设计好器形或图案后，按照一定的工艺流程，以特制的工具和特定的技法，在金属板上加工出千变万化的浮雕状图案。完成一件精美的錾刻工艺品需要十多道工艺流程。随着人民生活水平和审美情趣的提升，锻铜这一传统工艺在工艺美术领域受到越来越多设计师和大众的喜爱。火、锤子和錾子是锻铜的三个重要元素，常用的有黄铜与紫铜两种。锻铜工艺品的造型主要为平面的片活。片活一般平装在某些器物上或悬挂起来供人欣赏（见图2-36）。

图2-36　理想·拼搏·未来（锻铜浮雕，陈万秋，北京经济管理学院）

（3）不锈钢。不锈钢又称不锈耐酸钢，由不锈钢和耐酸钢两大部分组成。其中，能抵抗大气腐蚀的钢叫做不锈钢，而能抵抗化学介质腐蚀的钢叫做耐酸钢。由于不锈钢有诸多的优越性，因此，很多的城市雕塑都是以它为材料。不锈钢雕塑简洁大方、形体感明显，且光影效果强烈、颜色的选择性最大（见图 2-37、图 2-38）。

图 2-37　凤凌霄汉（杨英风）　　　　图 2-38　球中球（阿纳尔多·波莫多罗）

不锈钢雕塑制作工艺流程如下：

1）不锈钢雕塑等比例小模型制作，小样可以是泥塑，也可以是玻璃钢等。泥塑时间长容易干裂，需根据制作周期选定。

2）不锈钢雕塑钢架结构放大样制作，分雕塑主钢架和成型辅助骨架，雕塑主材为槽钢、圆管、角钢、造型钢管等。

3）不锈钢雕塑钢架结构防护处理，除去雕塑骨架焊接部位的焊渣，检查雕塑有无虚焊部位，并作除油、除锈处理，用进口防锈漆作三涂防护。

4）不锈钢雕塑蒙板工艺制作。不锈钢雕塑蒙板材料主要为 304 不锈钢板，厚 1.5～2.0mm，手工锻造雕塑外形，氩弧焊满焊。

5）不锈钢雕塑抛光或喷漆制作。抛光有亚光和镜面光，抛光轮同向移动使纹路一致，另喷漆的雕塑一底两面，需连续 4h 在 5℃ 以上的气温条件下作业。

6）不锈钢雕塑的运输安装，可以采用汽车运输。大型城市雕塑需要分割现场拼接，雕塑吊装时应选好重心点，使用对角线法。

7）不锈钢雕塑细部修复。大型雕塑在运输和吊装时固定点的位置易受损，需要最后恢复后正式移交使用。面积较大的部位，油漆最好带用原调配好的，防止出现色差。

6. 玻璃钢雕塑

玻璃钢雕塑是用合成树脂和玻璃纤维加工成型，其质轻而强度高，成型快速、方便，可制作动势大而支撑面小的雕塑构图。无色透明的树脂可制作出透明度很高的玻璃体雕塑。供树脂用的各种色浆可使玻璃钢雕塑表面获得饱和度很高的各种鲜艳色彩，也可镀铜仿金，材料本身具有现代感和装饰趣味。

玻璃钢雕塑制作工艺：成品制作前，先用特定泥巴塑造出要制作的产品。在泥塑稿制作完成后，翻制石膏外模，然后将玻璃钢涂刷在外模内部。待其干透后打开外模，经过合模的程序，即获得玻璃钢雕塑成品。玻璃钢雕塑存在易变形、脆弱易裂的缺点（见图 2-39）。

图 2-39　鞋子博览（倪敏）

三、按社会功能分类

景观雕塑按其功能，大致还可分为纪念性雕塑、主题性雕塑、装饰性雕塑、功能性雕塑及陈列性雕塑五种。

1. 纪念性雕塑

纪念性雕塑是以历史上或现实生活中的人或事件为主题，也可以是某种共同观念的永久纪念，用于纪念重要的人物和重大历史事件，如北京天安门广场的人民英雄纪念碑雕塑。这类雕塑通常建在具有重要意义或者比较醒目的场所，如城市大型广场、建筑物的醒目位置、历史遗迹等。这些具有特殊意义的雕塑往往会变成其所在城市、建筑或者机构的标志，成为社会教育、反映时代精神的重要场所。此外，这类雕塑一般与碑体相配置，或雕塑本身就具有碑体意识。纪念性雕塑的重要特征是主体鲜明，主要纪念的是重要的历史事件或者历史人物。一般大型的纪念性雕塑都不仅是雕塑本身，还附带有建筑、自然事物等。这些元素之间相互依托、相互映衬，很好地体现了雕塑的纪念意义。在大型纪念性雕塑周围的环境元素，都以雕塑为整个环境主体，其他元素为其服务，共同达到传递纪念意义的功效。纪念性雕塑的历史十分悠久，在埃及的古王国时期就有巨大的狮身人面像雕像，用来纪念法老的功绩。早期的纪念性雕塑主要是为统治者和宗教歌功颂德，现在的纪念性雕塑则更多地是为大众服务，表现的题材多是时代的精神、社会的变迁等。例如，我国西汉名将霍去病的墓冢位于陕西省兴平县东北约 15km 处。该墓冢底部南北长 105m、东西宽 73m，顶部南北长 15m、东西宽 8m。可辨识的象生 14 件，其中有 3 件各雕两形，总共有生物 17 体；不同物象 12 类。计有怪人、怪兽吃羊、卧牛、人抱兽、卧猪、跃马、"马踏匈奴"、卧马、卧虎、卧象、短口鱼、长口鱼、獭、蟾、左司空刻石和平原刻石。石刻依石拟形，稍加雕琢，手法简练，个性突出，风格浑厚，是中国现存时代最早、保存最完整的一批大型石雕艺术珍品。其中，"马踏匈奴"为墓前石刻的主像，长 1.9m，高 1.68m，由灰白细砂石雕凿而成。石马昂首站立、尾长拖地，腹下雕手持弓箭匕首长须仰面挣扎的匈奴人形象，是最具代表性的纪念碑式的作品。

比利时最大的港口城市安特卫普具有标志性的纪念性雕塑：传说古罗马侵略者唆使一位名叫安蒂贡的巨人在当地大肆掠夺，然后把财富运到海外。有位名叫布拉博的勇士挺身而出，力战巨人，终于打断了巨人的左手，并将其抛入河中。于是，耸立于市政广场的这座纪念性雕塑便塑造了一位全身裸露的勇士，他站在由女神、船和城堡搭成的高高的基座上，举起巨人的断手，正用力将其抛入河中。古老的传说经雕塑家之手，凝固成一个静止而又传神的具体画面。它所传达的不仅仅是故事本身，更多的是通过具有一定思想性和视觉冲击力的雕塑形态，体现了安特卫普的城市精神（见图2-40）。

2. 主题性雕塑

主题性雕塑，顾名思义，它是某个特定地点、环境、建筑的主题说明，必须与这些环境有机地结合起来，并点明主题，甚至升华主题，使观众明显地感到这一地区环境的特性，通常具有纪念、教育、美化、说明等意义。主题性雕塑揭示了城市建筑和建筑环境的主题，作为三度空间的造型艺术，延续历史文脉，传承文明传统，记录社会生活，张扬时代精神。它通常是城市某个中心或某一特定区域的焦点，可提升城市广场的文化品位，使之成为城市景观中最具魅力、最耐人寻味的部分，推动城市文明的进步。与纪念性雕塑相比，主题性雕塑相对轻松，表达的题材不是那么严肃，它们通常运用比较形象的艺术语言，并用象征和寓意的手法揭示特定环境所要表达的主题，能够很好地补充环境中其他元素无法表达的思想和主题。

图2-40 比利时安特卫普市

丹麦王国哥本哈根的《美人鱼》雕塑（见图2-41）是根据丹麦著名的作家安徒生的童话《海的女儿》创作而成，是雕塑家爱德华·埃里克森的作品。雕塑以其恬静优美、充满诗意的造型，以及发人深省的传奇故事，深深地打动了前往观赏的人们。

3. 装饰性雕塑

装饰性雕塑是景观雕塑中数量较多的一

图2-41 美人鱼（丹麦）

类，也是景观雕塑中主要的组成部分。这类雕塑比较轻松、欢快，常带给人们美的享受，也被称为雕塑小品。装饰性雕塑的主要目的就是美化生活空间，它小到一个生活用具，大到街头雕塑，所表现的内容极广，表现形式也各式各样。它创造了一种舒适而美丽的环境，可净化心灵，陶冶情操，培养人们对美好事物的追求。通常所说的园林小品大多都是这类雕塑。

所谓装饰，是指附加他物使之美观、美化的样式，其主要特征在于强调主体对客体的感受；注重艺术规律和形式美法则；偏重趣味性，淡化情节性；注重思想化的抒情，富于浪漫主义的夸张，具有象征性表现技法的内涵和依附性的特征。装饰性雕塑自身处于从属地位，但并不消极，而是和主体，如景观、园林、建筑共同组成完整的有机体。在为主体服务的前提下，其美的造型、美的姿态和美的构图是至关重要的。

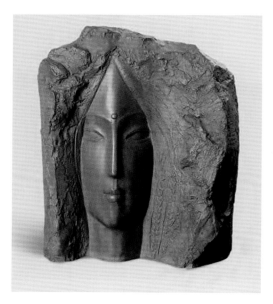

图 2-42　卓玛（盛扬）

装饰性雕塑大体分为主体装饰性雕塑和建筑装饰性雕塑两类。主体装饰性雕塑是独立于建筑之外的具有装饰性的雕塑作品。例如，雕塑作品《卓玛》（见图 2-42）即表现了一个少女的美丽脸庞。作品采用非常典型的装饰性雕塑语言，人物形象被高度概括并进行了装饰性的塑造，使得作品本身具有一种简洁、单纯的美感，充分体现了少女的清纯、可爱。建筑装饰性雕塑是和建筑紧密结合在一起的。它不要求鲜明的主题性和思想性，而是通过装饰的形式和含蓄的艺术情趣给人积极向上的感觉。

黑格尔曾提到，"我们在讨论建筑时曾指出独特的建筑和应用建筑这一重要区别，现在我们对于雕塑和它所点缀的建筑物的关系，这个关系不仅决定着雕塑的形式，而且在绝大多数情况下还要决定它们的内容。大体说来，单独的雕像是本身独立的，雕像群，特别是浮雕，却开始丧失这种独立的特性而服务于建筑，要适应建筑的目的"。建筑装饰性雕塑从属于建筑的特性，决定了它要服务于建筑造型和建筑形态空间意境与气氛。但它不是消极的，如果缺少它，建筑形态会变得不完整。

由山东工艺美术学院李友生教授创作的甲午海战纪念馆的主体雕塑，通过与建筑物的有机结合，共同组成了甲午海战纪念馆的主体。作品没有过多地表现细节，而是考虑到其建筑性，雕塑中人物的衣服处理成随风飘动的装饰效果。人物手持望远镜，寓意对海防的警惕及抗击侵略者的民族英雄的深切缅怀。作品的成功之处是使雕塑和建筑成为缺一不可的整体，共同表现了一个主题（见图 2-43）。

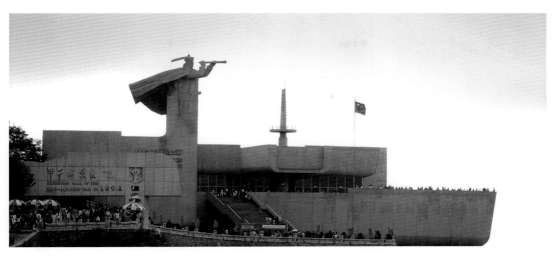

图 2-43　中日甲午战争纪念馆（李友生）

4. 功能性雕塑

功能性雕塑强调景观雕塑的艺术性和使用功能的结合，创造出既实用又具有艺术审美的雕塑作品。在城市发展的今天，人们更注重生活环境的人性化，城市的设施更加艺术化。雕塑和公共设施有机的结合被广泛地应用，人们在使用这些公共设施的同时又在享受艺术。从私人空间（如台灯座）到公共空间（如游乐场等），功能性雕塑无处不在。它在美化环境的同时，也丰富了我们的环境，启迪了我们的思维，让我们在生活的细节中真真切切地感受到美。功能性雕塑的首要目的是实用，如公园的垃圾箱、大型儿童游乐器具等。

5. 陈列性雕塑

陈列性雕塑又称架上雕塑，其尺寸一般不大，也有室内、室外之分，主要是以雕塑为主体，充分表现作者自己的想法和感受、风格和个性，甚至是某种新理论、新想法的试验品。陈列性雕塑的表现手法多样，内容题材更为广泛，材质应用也更为现代化。

上述五种分类方法并没有严格的界线。现代景观雕塑艺术相互渗透，其内涵和外延也在不断扩大，如纪念性雕塑也可能同时是装饰性雕塑和主题性雕塑，装饰性雕塑也可能同时是陈列性雕塑。

第 2 节　景观雕塑的功能

一、文化积累功能

作为城市雕塑景观的重要组成部分之一，城市雕塑与建筑、绿化共同创造出了人类美好的生活环境。如果说建筑和绿化是城市景观中的"硬件"，那么，城市雕塑这一"精神文化产品"理当成为城市景观中的"软件"。作为公共艺术的城市雕塑，是人文景观的重要组成部分（图 2-44）。

图 2-44 欧洲雕塑

在许多城市，特别是一些有着悠久历史的城市中，有关纪念历史上重大事件和杰出历史人物的城市雕塑作品繁多。欣赏这些作品如同阅读一部形象化的历史画卷。千百年后，人们可通过这些作品通俗地认识历史。城市雕塑普及了历史文化，被称为用青铜和石头谱写的编年史。 以西班牙首都马德里为例，19～20世纪所建的 83 座纪念碑中，所纪念的大事件就有 18 世纪末的一场大火灾及 19 世纪的对法战争，所纪念的人物有伊丽莎白女王、菲利浦三世、阿尔丰索十二世、航海家哥伦布、伟大作家赛万提斯、诗人克维多、作家卡尔多、演说家杜维罗、画家委拉斯贵支和戈雅、诺贝尔医学奖获得者拉蒙·卡哈、当代文学家帕洛哈、现代教育家马纳雍和"一战"中的战士班长诺巴等，几乎跨越了西班牙几百年的历史。

作为大文化的构成部分，景观雕塑艺术代表了某一城市、地区的文化层次和精神风貌。一些文化名城千百年间积淀下来的优秀景观雕塑作品，以永久的可视形象使每一个进入所在环境的人都沉浸于浓厚的文化氛围之中，感受到城市的艺术气息。圣波得堡市众多出色的景观雕塑作品，如叶卡杰琳娜二世纪念碑、海军部群像、亚历山大石柱、冬宫男像柱、苏霍洛夫像、库图佐夫像和列宁像、基洛夫像、列宁格勒保卫战等都显示了革命前后统治者的较高文化层次，给每一个来访者以深刻的印象。所以，许多城市开始用城市雕塑营造出特定的气氛和环境，逐步展示整个城市的风貌。

某些景观雕塑作品，由于反映了该城市或地区某些方面（历史、地理、政治、传说……）的特点，艺术上又比较成功，受到公众的喜爱，这种现象在造型艺术中是独有的。例如，《美人鱼》因安徒生童话而成为哥本哈根的标志；表现战斗不屈的《华沙美人鱼》因深入人心的民间传说而成为华沙市的代表；歌颂了战后恢复重建的《千里马》成为平壤市的象征；描写城市起源的五羊石像则成为广州市的标志。这类作品还有纽约的《自由女神》、布鲁塞尔的《第一公民》、哈尔滨的《天鹅》等。这一方面是因为作品的构思体现了本城市或地区鲜明的特色，另一方面是作品的艺术形象概括、动人（见图 2-45）。

图 2-45 第一公民（布鲁塞尔）

在欧美许多城市，景观雕塑既是该国文化的标志和象征，又是该国民族文化积累的产物。景观雕塑凝聚着本民族发展的历史和时代面貌，反映了人们在不同历史阶段的信仰与追求，标志着国民价值观念及相应审美趣味的变化。中国的秦始皇兵马俑、汉代的霍去病墓石雕、唐代乾陵石雕，法国凯旋门上的《马赛曲》，意大利佛罗伦萨的《大卫像》等，都代表了当时历史阶段的审美趣味和文化艺术的最高成就。有学者认为，雕塑是一个民族精神文明与物质文明最直观、最集中的表现。雕塑作为人的创造本质的一种特殊表现形态，在人类现代城市化大发展的道路上具有里程碑的意义。几千年来，各民族在各自的生活环境中用雕塑艺术创造空间，表现自己的生活方式和审美价值，不断地积累本民族最宝贵、最本质的精神财富，缅怀前人的丰功伟绩，开拓未来的文明发展。任何有价值的景观雕塑一旦铸成，便作为民族文化的永久性物化形态，具有永恒的艺术价值。在这一点上，雕塑的文化积累功能是其他文化形式难以比拟的。

二、审美教育和疏压功能

雕塑是一种积极肯定人类自身生存价值、生命意义的艺术，是人类审美理想的凸现，也是人类互相进行精神交流的一种特殊语言。优秀的纪念碑雕塑，体现了一个国家、一个民族的崇高理想，人们可以从中了解民族的过去，也真实地从中体味现实。把雕塑放置在特定的区域里，不仅是单纯的艺术创作行为，更是带有直接文化意味的行为，对人们的精神具有深刻的潜移默化的作用。因而，优秀的雕塑艺术是一个国家、一个民族、一个城市的象征和骄傲，也是全人类共享的精神财富。

景观雕塑作用于宗教、政治、时代、历史，并不是用枯燥乏味的言词去说教，而是以美的形式作为载体来感染群众。尤其是那些优秀的作品，它们所纪念的对象可能已经烟消云散，它们所承载的观念可能已经过时，可是，美却是永恒的。有谁还记得意大利文艺复兴时期的雇佣兵队长柯莱奥尼和冈塔梅拉达呢？而伟大的雕塑家威洛基俄和多那泰罗创造的那两尊骑马像，其永恒的光辉却给人们留下了深刻的印象。城市雕塑就是这样潜移默化地以艺术的高尚趣味去影响公众，陶冶公众的情操，培养公众的审美情趣，提高了公众的审美格调和文化素质。

在城市的适当场合安置景观雕塑实际上是进行审美教育的一种形式，其功能有两方面，一方面是审美功能，一方面是非审美功能。景观雕塑的审美教育功能可以培养公民的审美能力，提高公民的人文素质，除此之外，景观雕塑不仅对城市环境有美化作用，同时对人的行为会产生潜移默化的作用，包括心理感受和生活行为。景观雕塑在性质上带有明确的文化意图，依存于其所处的文化背景。优秀的景观雕塑总能经受历史的考验，产生震撼人心的精神效能。也就是说，存在于艺术躯体中的精神信息具有某种冲击力量。现在国际上许多著名的城市问题专家和社会心理学家都希望，各国政府在解决城市生活的心理冲突时应使用心理调适的手段，尽量引导大众摆脱因为城市高速发展带来的很多社会问题。在这种公共政策的指导下，城市建设的决策者就应该注意公共艺术的巨大美育和疏导作用。城市的发展需要雕塑，雕塑艺术可以提高人的精神与文化水准，产生那些成为人的享受的美好感觉，使人类的灵魂得到净化，实现育人的综合目的。城市里的景观雕塑通过实体材料所构成的具有感染力的造型，以渐进、反复渗透的审美方式潜移默化地对人们发挥引导和美育功能（见图 2-46）。

　　景观雕塑艺术的语言是以物质材料为载体的一种特殊情感语言。它与观众进行情感沟通的渠道既有具体的，也有抽象的、象征性的，但都是一种深入、内在、本质的艺术语言。在优秀的雕塑艺术品前，深刻的体会和感受能激发人们强烈的美感，给人留下深刻的印象。正如屠格涅夫在观看佩加蒙祭坛雕塑时所感受到的"我多么幸运，我没有在饱享此番眼福之前死去，我看到了这一切……"这正是雕塑作品发挥美育功能的理想效果。因为当伟大的、神奇的力量创作出惊世之作时，也必须有真正能领悟其作品内涵的欣赏者，这种审美价值才能得以充分体现。

　　城市公共艺术中，音乐、美术以及建筑艺术等，能使人们在审美情绪的发生和发展过程中建立高雅与和谐的心理调节机制。于是，景观雕塑必不可少。景观雕塑打破了几何建筑造型的常规，对市民因拥挤和劳累而产生的焦躁情绪有良好的缓解作用。景观雕塑点缀环境，和周围景观共生共荣，使空间环境更加丰富，更有层次感并富有美感。在一些规模宏大的高楼层、高密度环境里，人们往往感到自身的渺小，心理上承受着无形的压力，而景观雕塑常可成为人与环境之间在尺度上的过渡，进而产生亲切感（见图 2-47）。

图 2-46　英国亨利·摩尔雕塑

图 2-47　地门 2#（傅中望，铸铁、钢板）

　　景观雕塑这种独特的艺术语言是一种对人类自身生存价值、生命意义、进取精神加以肯定的艺术，对人们的精神产生着潜移默化的作用。一座优秀的景观雕塑是一个国家、一个民族、一座城市的精神文明的象征。它能使城市中每个市民产生凝聚的力量，对社会的稳定、发展起到了不可估量的作用。

三、宣传功能

　　景观雕塑在原始社会后期和奴隶社会初期出现后，最初的功能是发挥其宗教的（魔法、巫术的）效应。从狮身人面像、雅典卫城的雕塑、中世纪教堂雕塑，到印度教寺庙装饰雕塑、非洲部落的图腾柱和中国石窟造像都是服务于宗教目的的。这种现象一直延续到20 世纪末。雕塑艺术成了宣传教义、普及宗教、巩固神权的有力武器。四川大足宝顶山摩崖造像就是著名的实例之一。

　　尘世的王权统治与天堂的神权统治原来是合二为一的。后来，世俗权利不断上升，也抓紧了雕塑这个形象手段为自己树碑立传。于是，罗马帝国的图拉镇纪念柱出现了，梯度凯旋门、君士坦丁凯旋门出现了，许多骑马像出现了。欧洲君主集权时代再次掀起位皇帝贵族造像的热潮。法国巴黎凡尔赛宫除路易十四形象的骑马像外，各处雕塑的最主要题材——阿波罗，正是这位自称太阳王独裁君主的象征。登上统治地位的阶级无不运用城市雕塑艺术树立自己的形象，提倡自己的思想。俄国十月社会主义革命后，列宁更加明确地提出纪念碑宣传计划，用雕塑艺术宣传共产主义精神。城市雕塑艺术成为造型艺术诸品种中政治色彩最为强烈的一种。

　　上述的宗教和政治两方面，都是指主持人、委托人的意旨和作者本人的意图。而在客观上，作品所反映出来的并不简单地等于这些。作者在一定时代背景下社会生活中的深层意识往往超越了作品题材的外在，突破了宗教政治的束缚，折射出了时代的潮流，这是潜在的，也是本质的，最具生命力和最感人的。这种想象在古今中外一些优秀的雕塑作品中屡见不鲜。唐代乾陵、顺陵墓前的巨大蹲狮和走狮（见图 2-48），已大大突破了歌颂唐高宗李治、武则天和她的母亲的具体题材的限制，而以其气吞山河的态势和雄健饱满的形体力度，浸透了盛唐时代的自信和气魂。巴黎凯旋门的巨型浮雕《1792 年马赛义勇军出发》也已不再被歌颂拿破仑的政治要求所束缚，而洋溢着大革命时代人民的激情。所以可以说，城市雕塑是时代的记录、社会的镜子。

图 2-48　走狮（唐乾陵）

四、空间美学功能

　　建筑和环境的艺术语言是象征的、概括的、朦胧的，而雕塑的艺术语言可以是鲜明的、具体的。因此，它能赐予环境以鲜明、确切的思想性，用形象来突现建筑或自然环境的朦胧主题。天安门广场由于人民英雄纪念碑的建立而更加鲜明地突出了它在中国近代史上的历史地位。纽约市罗科菲勒中心下沉广场中布置的优美的景观雕塑作品——《普罗米修斯》，无疑也是阐述环境的卓越作品，它隐喻了主持者以这位盗天火造福人类的英雄自钰的命题。

　　由景观雕塑来体现建筑或环境的功能和性质，我们是常常可以见到的。军事博物馆的门前竖立着陆海空军战士和民兵的雕像，体育场的周围布置着运动员的雕像。然而，说明性仅仅是景观雕塑的基本功能。优秀的雕塑作品绝不能限于为建筑或环境作图解说明。通过间接的、含蓄的途径来加以暗示和隐喻，就要高明一些。莫斯科某工程物理研究所门前的一块浮雕把人类征服原子能比喻为驯服野马，构思极为巧妙。

用景观雕塑统率和组织空间，也能收到良好的视觉效果。在水平构图的空间中，以城市雕塑的垂直线条来统率环境空间，是行之有效的手段。圣彼得堡的宽广的冬宫广场，冬宫与"总参谋部"建筑均为水平的横向构图。广场中央高达47m的亚历山大石柱与之形成强烈对比，并很成功地统率了这个巨大的空间。罗马圣彼得大教堂前椭圆形大广场中的古埃及方尖碑也起到了同样的作用。在一些比较大的环境空间中，还可以用圆雕或浮雕来组合或分割空间，用雕塑来创造流动空间。在长空间的尽头，用雕塑作品作为空间的终结（见图2-49）。

景观雕塑经常在环境中发挥导向作用，以突出某些部分。建筑或环境的正入口往往是被突出的重点。中国古建筑门前、殿前的蹲狮，欧洲古典主义建筑的山墙浮雕都把视线引向建筑物的正门。古埃及阿布辛伯神庙则以四尊硕大的拉美西斯二世坐像突出了正入口。中国古代陵墓的神道排列着文臣武将、吉禽瑞兽的石雕群，与古埃及卡纳克神庙门前的羊首狮身像的行列都引导着众多的朝圣和膜拜的人群，同时又不断对他们的心理施加影响。现代建筑大师格罗比乌斯设计的德国具有代表性的现代建筑——巴塞罗那国际博览会会馆，进入院内就可看到水池中的一座女人雕像。她的动态就发挥了导向作用，人们顺着她手臂指引的方向便可进入展厅。有时，门和窗直接被作为突出的部分加以雕塑装饰成为著名的雕塑艺术品，如基培尔提创作的佛罗伦萨洗礼堂的两扇青铜浮雕门，被米开朗基罗称为"天堂之门"。罗丹为工艺美术馆创作的《地狱之门》，虽经37年的反复修改而未最后完成，但已成为世界雕塑史的不朽珍品（见图2-50）。

图2-49　圣彼得堡冬宫广场　　　　　　　　　　图2-50　　地狱之门（罗丹）

景观雕塑可以完全不被实用功能所束缚，可随心所欲地安排形体，是具有强烈的感情交流的媒介。庙宇中的佛像使人与神秘的环境有了感情的沟通。雅典卫城中的雅典娜铜像、女像柱、浮雕等构成了人和神国度之间的感情桥梁。古代建筑中如此，现代建筑中更是如此。巴黎市郊德方斯新区的现代建筑群使人倍感冷漠，一下班便匆匆离去。而一些造型奇特的彩色雕塑便是增添环境中感情色彩的手段。在充斥着几何形和玻璃幕墙的环境中，透出了一丝温馨和诙谐的诗意。就是在公墓和陵园里，由于布置了许多丰富、生动的雕塑艺术品，形成了人、现实与历史的对话，也使环境变得更加生动、有灵性，最突出的实例是莫斯科的新圣母公墓。

在形体、色彩、质感、韵律、节奏、光影诸方面，景观雕塑可以丰富环境，使环境活跃起来，充满生气。1974年，耗资25万美元建于芝加哥联邦政府中央广场的《火烈鸟》（见图2-51）以高达15m的红色钢板形巨构使灰暗呆板的建筑环境顿时生机勃勃。落成当日，芝加哥十万人兴奋地举行庆祝活动，显示了景观雕塑改造环境的巨大力量。洛杉矶的阿尔科广场上的《双重阶梯》也是类似的实例。橘红色的鲜艳色彩、渐次旋转的韵律节奏、细腻微妙的光影变化，都极大地调剂了由垂直水平线条构成的环境的枯燥、刻板的情调。

在一些规模宏大的环境中，景观雕塑常可使人们感到亲切。古罗马的一些公共建筑，如大角斗场、公共浴场、凯旋门、万神庙等都是尺度巨大的宏伟建筑，令人望而生畏。因此，古罗马艺术家在建筑的拱券、壁龛、墙面上布置了尺度较小的雕塑作品，与人们相呼应，多少破除了一些建筑本身的冷漠。现代建筑中，也可以看到类似的例子。巴黎德方斯巨门高达百米，通体是玻璃幕墙面，是极其简洁的集合造型。固然是宏伟了、壮观了，令人震惊了，但人们在心理上确有敬而远之的感觉。在巨门下方，布置了一个具有柔和曲线的"帐篷"，从而缓冲了巨门的硕大和生硬，发挥了过渡的作用。

在特定的环境中，景观雕塑加强或强调了建筑构图。许多对称构图的建筑在它的中轴线上布置了雕塑，或在两侧设计了成对的雕塑，这就大大加强了中轴线对称的格局。而有的不对称建筑则运用雕塑来调节构图。著名华裔建筑师贝聿铭的作品——国家美术馆华盛顿东馆，其正入口的分隔是不对称的。他布置了异族通调来保持正立面构图的均衡，补充和充实了构图的视觉力度（见图2-52）。

 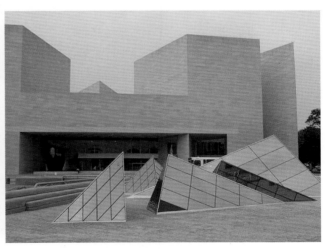

图2-51 火烈鸟（亚历山大·考 图2-52 国立美术馆华盛顿东馆（贝聿铭）
尔德，芝加哥联邦政府中央广场）

一些建筑物的构建或环境中的构建物被设计成富有美感的雕塑艺术品，使这些景观雕塑作品具有使用功能和独特的审美价值。最为人熟知的首推古希腊雅典卫城中医瑞克贤神庙的 6 尊女像柱，它们既支撑了沉重的檐部，又向人们展现了希腊女性的形象。这种手法后来在欧洲被多次使用。圣彼得堡冬宫的男像柱强悍、壮健，富有力度。北京故宫三大殿汉白玉台基的排水口被刻制得巧妙而美观，既具有覆盖屋脊、便于排水、保护屋顶木结构的功能，又含有防火的寓意，同时还在屋脊影像上添上了动人的轮廓变化。至于喷水池中的喷嘴，被设计成人物或动物雕塑则是中外都有的。风向标、灯柱、计时器、通风孔等，都可设计成美丽而别致的雕塑艺术品。

五、经济功能

现代景观雕塑具有显而易见的经济价值。

首先，景观雕塑构成了一种美化的环境，使生活于其中的人有高档次的审美体验。这就构成了一种投资环境，是投资环境的文化要素和美学要素（见图 2-53）。

图 2-53　飞翔的心愿（世博主题馆，余积勇）

其次，景观雕塑是一个国家科技经济实力和综合国力的象征。苏联曾建成《祖国母亲》，主雕高于美国的自由女神像，主要目的就是显示国力。

最后，景观雕塑作为旅游景观具有直接的经济功能。在世界上许多国家，景观雕塑作为该国的城市人文景观，形成了最重要的旅游资源，如美国纽约的《自由女神像》、丹麦的《海的女儿》、布鲁塞尔的《撒尿的小孩——于连》、意大利佛罗伦萨的《大卫像》等。这些雕塑代表了城市文化的一部分，成为该城市的文化地标。近代工业的发展，带来了一场深刻的技术革命，给制作巨型的纪念性雕塑创造了条件。在这方面突出的例子是美国的《自由女神像》。它是法国赠送给美国独立 100 周年的礼物，位于美国纽约市哈德逊河口附近，是雕像所在的自由岛的重要观光景点。法国著名雕塑家巴托尔迪历时 10 年完成了雕像的雕塑工作，女神的外貌设计来源于雕塑家的母亲，而女神高举火炬的右手则是以雕塑家妻子的手臂为蓝本。自由女神穿着古希腊风格的服装，头戴光芒四射的冠冕，有象征世界七大洲及四大洋的七道尖芒。女神右手高举象征自由的长达 12m 的火炬，左手捧着刻有 1776 年 7 月 4 日的《独立宣言》，脚下是打碎的手铐、脚镣和锁链。她象征着自由、挣脱暴政的约束。花岗岩构筑的神像基座上，镌刻着美国女诗人埃玛·娜莎罗其的一首脍炙人口的诗。雕像锻铁的内部结构是由巴黎埃菲尔铁塔的设计者居斯塔夫·埃菲尔设计的。它在 1886 年 10 月 28 日落成并揭幕。自由女神像高 46m，加基座为 93m，重 200 多吨，由铜板锻造，置于一座混凝土制的台基上。自由女神的底座是著名的约瑟夫·普利策筹集 10 万美金建成的，现在的底座是一个美国移民史博物馆。《自由女神像》集建筑、科技、艺术于一身，完美地体现了这个时代的精神（见图 2-54）。

图 2-54　自由女神像（美国）

第3章　景观雕塑的发展

第1节　外国景观雕塑发展史

远古时期，人类的生存环境十分恶劣，自然环境决定了人类对大自然充满了敬畏之心。随着生产力的发展，人类有意识地了解自然、改造自然。在这个时期，人类通过绘画、雕塑、音乐等艺术形式来表达自己对大自然的崇敬。为了表现忠实于自然的朴素的观景观念，古人依附于环境创作出的作品都充满了一股神秘的色彩，如英国的巨石阵、太平洋复活岛上的巨大人像。

公元前5000年，埃及社会出现了阶级的萌芽。公元前4000年，奴隶制度在埃及建立。公元前3000年，埃及统一，建立了强大的专制王朝。古埃及的艺术是为法老和少数贵族服务的，它是社会生活中的重要组成部分，在古埃及的意识形态中起到了举足轻重的作用。为了歌颂王权、巩固统治，法老不惜动用数十万奴隶建造陵墓、庙宇和雕像。

古埃及时期最重要的雕像作品无疑是狮身人面像。它是埃及最大、最古老的室外雕刻巨像，由整块天然岩石雕凿而成。雕像身长约57m，面部为5m，一只耳朵就有2m。雕像是按照哈夫拉的形象来塑造面部的，它保持了法老的相貌特征和威严的气派。雕像头戴方巾，前额上雕刻着圣蛇，两眼直视前方，以一种藐视一切的姿态匍匐在金字塔旁，仿佛是在守护金字塔的秘密。狮身人面像以巨大的金字塔为背景，整体比例较好。雕像和金字塔浑然一体，交相呼应，两者在广袤的环境中共同体现了法老庄严永恒的权威和追求永生的愿望。

通过对狮身人面像的了解，我们总结出了埃及雕刻的特点：人物的姿势保持直立，双臂紧贴躯体，正面直对观众。人物的等级决定了雕像比例的大小。雕像着重刻画头部，面部的装饰物较多、表情严肃。雕像着色，眼睛用多种材料代替，已达到逼真的效果（见图3-1）。

一、古希腊雕塑

古希腊时期，雕塑艺术进一步发展，建筑艺术和雕塑艺术的结合更加紧

图3-1　埃及狮身人面像

密。古希腊艺术的形成、发展与其
社会历史、民族特点、自然条件
有着密切的关系。奴隶主民主整
体制度为艺术的发展提供了有利
的条件，国家要求公民具有强壮
的体格和善良的心灵。希腊艺术
的理想形象就是既具有典雅、宁
静的气质，又具有运动员一样的
体魄。这种审美标准使希腊艺术
产生了古代世界理想美的典范。
古希腊古风时期的雕像比较呆板，

图 3-2　命运三女神（希腊雕塑）

受到埃及程式化的影响，但又没有埃及雕像成熟。为了追求表情生动，人物脸部都带有千篇一律
的微笑，这种微笑被称为"古风式的微笑"。古风后期，雕塑家为程式化所束缚，开始塑造健壮
的男子形象。这些男子比例匀称，肌肉结实，但人物仍然正面直立，脸部带有古风的微笑。古风
时期的浮雕介于绘画和雕刻之间，它既有绘画构图的多层配置处理，又有雕塑的体积感。这些大
多出现在建筑物上，起到了装饰建筑的作用（见图 3-2）。

　　希腊古典时期的雕刻已经完全摆脱了古风时期的拘束和装饰性，产生了写实而理想
的人体，达到了希腊雕塑艺术的高峰，出现了很多著名的雕塑家。菲迪亚斯设计了雅典
卫城，在这宏伟的建筑群中，雕塑家使用了大量的雕塑。雅典卫城矗立在 150m 高的山
崖上，地势险要陡峭。卫城各建筑物顺应山崖的不规则地形分布，包括山门、巴蒂农神
庙、尼开神庙、伊克瑞翁神庙等。伊克瑞翁神庙的柱子由 6 个 21m 高的女性雕像组成。
这一处理方法调剂了由于地形变化而造成的建筑造型的突变，而廊柱的光影变化使建筑
变得生动而富有变化，改变了建筑带给人的呆板感觉，雕塑和建筑相得益彰。雅典卫城
中的主体雕像是高达 12m 的雅典娜女神像。该雕像用木胎包以黄金、象牙刻成，女神一
手持矛、一手托着胜利。她身旁放着盾，盾的内侧面刻着《众神和巨人作战》，外侧面
刻着《希腊人和阿玛戎之战》。这座雕像立在神庙的主室，是雅典国家威力的象征。菲
迪亚斯还为巴蒂农神庙的东西三角楣创作了高浮雕。该浮雕表现的是希腊神话中关于雅
典娜的故事。东三角楣是雅典娜全副武装从她父亲的脑袋中诞生出来、众神欢呼的景象，
西三角楣是雅典娜与波塞冬竞争雅典保护神的故事。这组雕像至今保留下来的只有《命
运三女神》（见图 3-2）。雕塑中的三女神体态优美，薄而柔软的衣服下是神女结实的身
体。女神的衣纹处理相当精彩，纤细而又繁密的衣纹随着人体的结构而起伏，给人感觉
不是冰冷的石头，而是轻盈的纺织物包裹着的身体。

二、古罗马雕塑

　　公元前 1 世纪，罗马人征服了希腊，但希腊的文化却征服了罗马人，罗马人成为希
腊文化的崇拜者和模仿者。但是，因为社会环境和民族特点不同，罗马美术也有其不同于

图 3-3　罗马图拉真记功柱

希腊美术的地方。罗马人不像希腊人那样富于想象力。罗马民族是冷静、务实的，他们的艺术没有希腊艺术那样的浪漫主义色彩和幻想成分，而具有写实和叙事性的特征。希腊雕塑强调的是共性和民族精神，而罗马人要求的是个性特征鲜明的肖像。罗马艺术家不满足外形的逼真，而更加注重人物个性的刻画。在罗马，雕塑和城市、建筑环境融为一体，出现了许多放置在城市中心的雕塑。这些雕塑体现了国家的强大，歌颂了统治者的伟大。

他们有的具有纪念意义，有的为贵族阶级服务。这些雕塑遍布在城市的各个角落，供市民瞻仰和观赏。

罗马艺术的突出成就表现在公共建筑和纪念碑式的建筑物上，雕塑和建筑物的结合堪称完美。其中，纪念柱是罗马帝国纪念性建筑的标志，留存至今的图拉真记功柱是其代表作。图拉真记功柱是图拉真皇帝为纪念对达契亚人的胜利而建的，是一个大理石砌成的大柱子，由底座、柱身、柱顶三部分组成（见图 3-3）。环绕柱身有 23 圈浮雕，长达 244m，顶宽 1.22m，底部宽 0.9m。最底层有个象征多瑙河的半身人像，从波涛中跃起，目送罗马大军出征，身边漂浮着运送的船只；第二层是表现军事长官给士兵布置任务，用石块垒筑工事；第三层描绘的是士兵们加固工事，运送给养，骑马巡逻；第四层描绘的是图拉真站在高台上指挥军队前进，也是浮雕的中心。图拉真亲率军队，鼓舞士气，手握长矛，目光炯炯；士兵们驻足静听，斗志旺盛。浮雕细致地描绘了人物的服饰、武器及心理状态。全部浮雕共有 2500 个人物，具有写实的风格，所有人物都采用同样尺寸，看起来十分壮观宏伟，有着极大的历史真实性。

三、哥特式建筑与雕塑

中世纪美术发展到顶点就是哥特式美术。哥特式美术开始于建筑方面，而后才逐渐涉及雕塑和绘画领域。纵观整个哥特式艺术，其发展重点是从追求建筑的效果转向绘画的效果。早期的哥特式雕刻和绘画都是巨大建筑的一部分，而晚期的建筑和雕刻则追求平面装饰性的效果，不再追求结实和简洁的处理。12～15 世纪是经院学高度理性化的时期，它要求对教义的解释和形象再现必须遵循严格的规则秩序，作为教堂主要装饰物的雕塑创作也必须循着固定城市布局。最能反映哥特式艺术雕刻成就的是法国的夏特尔教堂（见图 3-4、图 3-5）。在教堂的入口处两侧排列着的柱像是从建筑结构演变出来的雕刻装饰形式，这种柱像日益脱离建筑而成为独立的雕刻作品，人物形象不但从僵直而紧贴柱子变为高浮雕的形式，而且还表现出身体动态的左顾右盼，突破了建筑结构的限制；同时，每个人物都有其独立性，甚至可以脱离支柱。它们代表着一种革命性的变化，那就是开始重新恢复古典时代以来的三度空间的圆雕。显然，这种尝试也只是刚开始，它们都是用圆柱作为人体的基础，比例也不甚准确，但由于是立体的，因此比罗马式雕刻更多一种独立存在感。另外，教堂外部侧柱上的雕像将3个大门的景象连在了一起，它们分别代表圣经中的先知、皇帝和皇后。之所以这样设计，是为了把法国的君主作为旧约中帝王的继承人，以强调现实和宗教精神的统一，那就是将教士、主教与皇帝放在一起（见图3-6）。

图3-4　法国的夏特尔教堂

图3-5　法国的夏特尔教堂外墙局部

图3-6　哥特式建筑（乐托·达姆·克拉达教堂）

四、文艺复兴时期

14～16世纪是欧洲文艺复兴时期，也是整个西方艺术发展史上的一次高峰。文艺复兴时期，随着欧洲各国日益强大，宗教的影响发生了变化，许多科学家、艺术家、思想家提出了以人为本、尊重人、关怀人的世界观。在经历了近10个世纪封建教会的统治以后，人们开始摆脱宗教在精神上的束缚，以往多年的古典文化被重新重视起来，在这个基础上产生了和宗教神权相对立的人文主义。人文主义要求文学艺术表现人的思想和感情，科学技术要为人的生活服务，因此，人文主义的艺术家提倡人性反对神性、人权反对神权、个性反对人身依附。文艺复兴时期，美术就建立在这个基础上。文艺复兴时期的雕塑出现了空前的繁荣，雕塑以其完美的技巧、雄伟的气魄和深刻的思想成为西方艺术的又一次高峰，在整个城市环境中起到了更加重要的作用。这个时期的雕塑以"中心"为其美学特征，追求的是和谐统一、丰富的表现力与完美的造型。"中心"代表王权，和谐完美代表了人们对理性的信赖。

文艺复兴早期的雕塑作品力求通过宗教题材反映出世俗精神。这个时期最著名的雕塑家为多纳太罗，其雕塑创作彻底保留了哥特式风格的痕迹，复兴了希腊、罗马的古典样式。他还竭力探索骑马纪念碑与建筑群的配合以及雕塑与台座的比例关系。在这个领

图 3-7　加塔梅拉塔骑马像（多纳太罗）

图 3-8　圣德列萨祭坛（贝尼尼）

域他是成功的，他的作品从任何一个角度都是和谐的。在教堂前广场上，他又面对伸展的街道，与教堂保持着合适的距离，从而成为教堂广场上的艺术中心。多纳太罗的代表作为《加塔梅拉塔骑马像》（见图 3-7）。加塔梅拉塔生前是威尼斯雇佣军团司令官。1445 年，多纳太罗受威尼斯共和国之邀在帕都亚为他作纪念像，作品完成于 1450 年，安放于帕都亚圣安东尼教堂正门前。加塔梅拉塔戎装佩剑、双手提缰、神情果敢，充满英雄气概。这件作品是当时首次出现的完全世俗性质的雕像。

五、巴洛克风格及罗可可雕塑

　　17 世纪的欧洲美术，是以巴洛克风格为代表的多种风格共存并互有影响的时代。巴洛克艺术最早产生于意大利，它无疑与反宗教改革有关。巴洛克艺术虽然不是宗教发明，但它为教会服务。巴洛克艺术既有宗教特色，又有享乐主义的色彩；它是一种激情的艺术，打破了理性的宁静和谐，具有浓郁的浪漫主义色彩，强调艺术家的丰富想象力；它极力强调运动，运动与变化可以说是巴洛克艺术的灵魂；它很关注作品的空间感和立体感。巴洛克艺术强调艺术的综合性，是建筑与雕塑、绘画的综合；同时有着浓厚的宗教色彩，宗教题材在巴洛克艺术中占主导地位；大多数巴洛克艺术家远离生活和时代。姜洛伦佐·贝尼尼是最著名的建筑家、雕塑家、画家。他善于运用凹凸面上交替的光线所造成的动感效果，并善于运用豪华的材料和道具，加上装饰背景，增加雕塑的感染力。他的雕塑热情、奔放，有旋风般的力量，非常富于运动感和戏剧性。他最突出的贡献就是将建筑、雕塑、绘画结合为一体。贝尼尼的代表作是他于 1645～1647 年间所创作的圣德列萨祭坛（见图 3-8）。这件作品是为卡尔纳罗礼拜堂制作的，作品表现的是圣德列萨在幻觉中见到上帝的情景。从思想上看，这件作品反映了一定的人文主义色彩，突出了对美好生活的向往，在当时的社会是有进步意义的；从雕塑技巧上来看，圣女多而乱的衣褶、云朵的漂浮效果以及人物复杂的曲线，都充分显示了贝尼尼的雕塑天分。可以说，这件作品达到了贝尼尼雕塑艺术的顶峰。

　　18 世纪最主要的雕塑艺术为罗可可雕塑。罗可可雕塑主要是在 17 世纪古典主义基础上发展起来的，它往往依附于建筑而存在，有大量作品用来装饰环境和室内灯具，尤其是室内装饰的小雕刻作品，它们具有强烈的动感和丰富的表情。雕塑家以纤细、细腻的表现手法使之具有绘画效果，形成罗可可雕塑艺术的特点。这个时期雕塑的代表主要集中在法国，主要以两个雕塑世家与其弟子的活动为中心。其中早期的著名雕塑家为吉拉尔东和库瓦兹沃，他们在法国的凡尔赛宫创作了无数的圆雕、浮雕，使凡尔赛宫的花园更加精彩丰富，成为欧洲艺术的一颗明珠（见图 3-9）。

图 3-9　法国凡尔赛宫雕塑

六、西方近现代雕塑

　　19 世纪西方出现了很多艺术流派，如新古典主义、浪漫主义、现实主义、印象主义、新印象主义和后印象主义。

　　新古典主义是 18 世纪中期至 19 世纪初兴起于法国的一种美术风格，其最初的宗旨是要培养人们的英雄主义精神，以唤起人民推翻封建专制的热情。新古典主义雕塑并非是对古希腊、古罗马艺术的重复，更不是 17 世纪古典主义艺术的翻版。其主要特征是将古希腊、古罗马文明鼎盛时期或庄严肃穆、或优美典雅的艺术形式与资产阶级革命时期的英雄主义相结合，以塑造既有理想美又有现实意味的艺术形象。在创作上，新古典主义雕塑家往往选取具有斗争精神和鼓舞人心的题材，其中包括古希腊罗马神话中的英雄故事和拿破仑雕塑，并对艺术形象进行理性的简化，以追求单纯、简洁的艺术效果。在雕塑方面，新古典主义的代表人物首推意大利杰出的雕塑家安东尼诺·卡诺瓦。他以神话为题材创作的许多雕塑作品，均得到西欧贵族的欣赏。他主张根据古典样式修改自然的艺术原则，并奠定了世界性的学院主义基础。他第一个打破长期支配雕塑界的贝尼尼传统，在世界雕塑史上有着特殊地位，在理想美的追求下对古典技巧的传播具有深远的影响。他的代表作《拯救普赛克的厄洛斯》高 135cm，作品表面极其光洁，而且形式感很强，并充满了浪漫色彩。他在肖像创作中继承古典的表现样式，忽视形象的个性特征。在他的另一件作品《扮成维纳斯的保利娜·波拿巴·博尔盖塞》中，他将这位现实人物处理成维纳斯的样子，并近似一位胜利者的神态。他以高超的技巧成功地塑造了这位特殊的女性，人物形象的表现运用了理想化手段，脱离现实，但其姿态优美、舒畅、简洁，充分体现出卡诺瓦的古典艺术风格，因而成为新古典主义的著名代表作品。

欧洲雕塑界的浪漫主义具体出现于 1820 年前后。浪漫主义运动主要受德拉克洛瓦的《但丁出航》一作在沙龙展出后所形成的一种浪漫主义狂热的影响，不久便波及雕塑界。浪漫主义雕塑家认为，古典主义仅有着形式美的表现和追求，显得冰冷；而且，混杂其中的罗可可风带来的纤细、柔弱格调无法满足青年雕塑家们的创作欲望。他们反对单纯的形式美，进而追求跳跃的生命。他们反对类型化和空虚的理想主义，追求昂扬的个性美。浪漫主义者不满足单纯的自我感受，他们不像古典艺术和新古典艺术那样满足于通过严格有规则的形式再现，而是热情地肯定生活，并以它为表现的核心，力求在雕塑中再创造一个能超越个别现象的整个联系。弗朗索瓦·吕德是 19 世纪法国最杰出的浪漫主义雕塑家，其代表作为法国凯旋门上的群像浮雕《马赛曲》。19 世纪后期，法国处于上升阶段的资产阶级对拓宽雕塑领域、改变艺术氛围起了重要作用，雕塑作品的主要需求者由少数贵族变为大量个体资产者和公众协会。在 1825 年前后，法国各大城市的协会发起和组织为名人立像已成为风气，市长、尊贵的公证人、著名的医生、卓越的作家和画家的石雕或铜雕像矗立于公众场合，即便是最偏僻的小镇，都可以见到几尊雕像。蓬勃发展的形式和艺术趣味的演变还直接反映在与雕塑关系极为密切的工艺美术上。在将表现对象从君主转向名人、学者之时，雕塑家自然而然地改变了最初通过英雄的肌肉传达澎湃激情的手法，而去着力捕捉人物深邃的思想和内心世界。

20 世纪，西方美术的发展大致分为两个阶段：第一阶段是 20 世纪初至 1945 年第二次世界大战结束，第二阶段是自 1945 年起至今。第一阶段现实主义占主流地位，兼有其他传统的、学院的流派。第二阶段，从 20 世纪 50 年代起，出现了一种与现代主义既有联系又有区别的艺术思潮和流派，人们将其称为"后现代主义"。现代主义美术是西方进入垄断资本主义时代以后产生的，是伴随第二次工业革命的产物。它也反映了这个时代政治、经济和精神文化的重要变革，反映了这个时代人们极其复杂、丰富的思想感情和极为深刻的哲学思考。不同于现实主义的是，现代主义的美术在对待社会、人、自然和自我的关系上失去了平衡，关系是扭曲的。他们采用的语言是荒诞、寓意和抽象的。在他们的作品中，我们可以感觉到这些艺术家表现了现代人们的精神创伤和变态心理，感觉到他们对现实生活消极、悲观和失望的情绪，感觉到他们的思想中强烈的个人主义和虚无主义。当然，也正是现代主义美术作品的这些特征，使它们具有不可忽视的社会价值和审美价值，因为它们是西方现代社会和人们精神生活方面的写照。这个时期的现代建筑运动突破了传统的美学观念，景观雕塑也摆脱了对建筑物的直接依附，绝大部分独立于一定的空间环境中。虽然仍然要和建筑空间、自然空间形成有机的内在和外在联系，但再也不是琳琅满目的建筑的附加品了。

从 19 世纪末开始，欧洲雕塑逐渐向夸张和变形的方向发展，以求表现生命的运动，表现生命和现实的搏斗。体现出这种倾向的雕塑家仍然坚持传统雕塑的量感和块面感，只是较多地偏离古典传统，钟情于中世纪的雕塑遗产，更多地注意发挥个性、主观创造性和更强烈的表现生命意识。他们当中许多人用艺术来与残酷的现实抗争，在艺术语言中体现出一种顽强而坚实的生命力量。当然，在这些作品中，已经表现出了一种由社会矛盾和工业文明所引起的人们精神世界的疏离感和孤独感，以及由此产生的悲观和迷惘的情绪。20 世纪上半期的欧洲雕塑呈现出多种多样的风格。野兽主义、立体主义、构成主义、未来主义、超现实主义、抽象主义和新古典主义在雕塑中均有表现。画家马蒂斯不满意罗丹着眼于量感和体块感的雕塑观，而侧重于线所造成的韵律，也就是他一再强调的"阿拉伯风"。在他的作品中，量感和块面感均服从这种"阿拉伯风"。毕加索在雕塑创作中坚持的是构成主义语言，只是他的构成主义语言更多地含有人情味（见图 3-10）。

图 3-10　牛头（毕加索，1942 年）

构成主义受工业化、机械化的启发，并从现代化的工业生产中吸取灵感，大胆利用工业生产的产品以及工业废品、工业垃圾等作为雕塑的新材料，并力求艺术创造摆脱平淡和平庸，力求语言的新颖和独创。如果我们把它作为一种新的雕塑派别来看待，对它牺牲雕塑的量感、块面感和实体感以服从强烈的视觉效果这一点，就能采取比较宽容的态度了。

在表现雕塑内在运动和力量方面有突出贡献的雕塑家是罗马尼亚的布朗库西。在现代美术思潮的影响下，他把学到的传统雕塑技巧和处理材料的能力，用现代艺术去加以融合和改造，最终形成自己的风格。他着眼于造型的纯粹性，把单纯性和表现事物的本质联系起来加以认识。他认为，"单纯性并不是一个目标"，"当面对一个接近了事实的真实精神时，他便不知不觉地达到单纯性"，其代表作有《一个青年的躯体》（见图 3-11）、《波嘉尼小姐》（见图 3-12）、《无尽柱》、《太空之鸟》（见图 3-13）等。

图 3-11　一个青年的躯体（布朗库西，1927 年）　　图 3-12　波嘉尼小姐（布朗库西，1913 年）　　图 3-13　太空之鸟（布朗库西）

20 世纪，不得不提苏联的雕塑艺术。十月革命后，苏维埃政权在美术领域的第一批措施，就是在民主的原则上改组美术教育机构。1918 年春，列宁签署了《纪念碑宣传计划》，一些进步的艺术家响应列宁的号召，至 1922 年先后建立了 183 座纪念碑，其中包括安德列夫在莫斯科玛索维特广场所建的自由纪念碑——苏联宪法纪念碑，以及马特维耶夫于 1918 年在彼得格勒斯莫尔尼宫前建立的卡尔·马克思纪念碑等。马特维耶夫《十月革命》中的工农兵形象是通过人体来表现的，因为这位雕塑家始终认为人体美是造型艺术的最高境界。苏联著名雕塑家沙德尔创作的《圆石块——无产者的武器》是以现实主义与浪漫主义结合的手法来塑造劳动者形象的，该作品被认为是苏维埃时期第一批经典作品之一。20 世纪 30 年代，由于在劳动和文化战线上的胜利气氛，这个时期的雕塑艺术大都具有纪念碑艺术的特点。这个时期的雕塑艺术成就辉煌，穆希娜为巴黎世界博览会苏联馆所设计的《工农像纪念碑》获得世界赞誉；马尼泽尔的《夏伯阳纪念碑》体现了革命英雄主义的气概；托姆斯基在列宁格勒所做的《基洛夫纪念碑》也是非常成功的作品；梅尔库洛夫为莫斯科运河所做的列宁纪念碑高达 22m，任务的形象刻画甚为生动。卫国战争时期，苏联涌现出无数的英雄人物，这些英雄形象给肖像雕刻带来了丰富的题材，代表作品有穆希娜的《尤素波夫上校像》、沃切基契的《车尔尼亚赫夫斯基将军像》等。因受物质条件的限制，战争期间的雕塑创作主要向小型化方面发展。战后，大型纪念碑雕塑才重新得到恢复。沃切基契于 1946～1949 年创作的《在柏林战役中牺牲的苏军战士纪念碑群体》中的主像《军人——解放者》深刻体现了卫国战争保卫祖国和人民的历史使命，军人一手握剑，一手紧抱女婴，充分表达出在残酷的战争中保卫人类和平的主题思想。苏联美术进入 20 世纪 60 年代以后，艺术家们在创作中更多地探求一种史诗风格，尤其在年青一代中对现代感的要求更加迫切。这个时期的雕塑艺术主要是纪念碑雕塑艺术。在许多加盟共和国里，树立了纪念卫国战争中牺牲者以及歌颂他们功绩的纪念碑。另外，在一些城市和乡村里也树起了各种人物的纪念碑。这个时期纪念碑数量之多是过去任何时期都无法比拟的。与此同时，对纪念碑艺术处理的美学观念也在更新。可以说，20 世纪 60 年代以前的苏联纪念碑雕塑深受过去时代传统的束缚，出现了创作上的危机，而 60 年代以后的雕塑家和建筑家则开始运用新的造型观念。

第二次世界大战后世界进入经济发展期，尤其是 20 世纪六七十年代，世界经济更是进入了高速发展时期，高技术非人化的倾向受到人们的关注，重物轻人的价值取向开始受到质疑。高技术的非人化，促使社会寻求情感的补偿。这种倾向导致了一种个人化的价值体系的出现，要求环境设计努力表现包括人的主观愿望在内的一切现实形态，赋予人们更广泛的感知范围，维持个人与社会的联系，从而产生了以人为核心的城市设计思想，强调城市设计必须以人的行动方式为基础，城市形态必须从生活本身的结构发展而来。因此，他们格外重视人与环境的关系，始终把人放在第一位，认为现代城市的设计不但要为人们提供与大自然接触的机会，而且应为人们提供物质的、心里的、美学的条件。当时经济最为发达的美国率先进行了城市结构改造工程，逐步完成城市从工业经济向服务经济的转换和升级，优化城市环境、公共景观形态和城市服务及文化娱乐设施，缓解人口密度过大、交通拥挤等种种弊端给人们带来的身心压力（见图3-14）。1965年美国成立国家艺术基金会，基金会实行"公共艺术计划"，直接赞助公共艺术。此外又颁布了一部关于公共艺术百分比计划的法规，明确规定以建筑经费的1/100作为艺术基金，用于环境建设。至此掀起了第二次世界大战后美国城市环境、公共艺术建设的潮流。城市的复兴与经济繁荣而形成的高层建筑、大型公共建筑、大规模商业建筑以及社区住宅的环境艺术化的追求，使景观雕塑在各个城市如雨后春笋般发展，出现了很多优秀景观雕塑的范例。矗立在美国芝加哥治安行政大楼前的着色不锈钢镂空雕塑《棒球》由克拉艾斯·奥登堡创作完成（见图3-15），高25m，系一件大型标志性雕塑。此柱形雕塑在相对开阔的环境中矗立着，其垂直因素在对比的建筑环境中极富装饰性。用灰蓝漆上色，使其与周围的建筑群颜色协调一致，并和周围的建筑环境融为一体，成为地区环境的标志，成为体育竞技拼搏精神的象征。

　　20世纪60年代及70年代初，欧洲在考虑城市性质、机能的转换和城市形态的美观和谐方面实行了新的举措。法国在巴黎新区的设计中，充分考虑到人与建筑、环境的关系，为消除人身处巨大建筑群所产生的疏离感，在其中设计了很多景观雕塑。雕塑类型多样、色彩丰富，体现了一种人文关怀。塞萨尔的《大拇指》（见图3-16）安放在巴黎新区三条轴线中偏北的一条，作品用12m高、18t重的巨大体量的大拇指形象昭示着法国引领21世纪的决心。

图3-14 安东尼·克拉韦　图3-15 棒球（雕塑，图3-16 大拇指（法国塞萨尔）美国芝加哥）

第2节　中国景观雕塑发展史

　　中国景观雕塑的发展从秦汉时期开始。随着统一的中央集权制封建国家的建立、巩固与发展，国家的财力与人力可以集中起来，为雕塑艺术的繁盛开辟广阔的前景。秦汉时期的统治者，将雕塑艺术视为宣扬统一功业、显示王权威严、美化陵园建筑、纪念功臣将帅的有力工具，在陶塑、木雕、石雕、青铜雕塑及工艺装饰雕塑等方面均有辉煌的建树，成为中国雕塑史的第一次高峰。

一、中国石窟雕塑艺术

中国环境和雕塑结合的早期作品都出现在陵墓和石窟中。秦汉时期最著名的陵园雕塑要数秦始皇兵马俑和霍去病墓石雕。秦始皇陵位于距西安市30多千米的临潼区城以东的骊山脚下。秦始皇陵兵马俑坑是秦始皇陵的陪葬坑,位于陵园东侧1500m处。秦始皇兵马俑陪葬坑坐西向东,三坑呈品字形排列。兵马俑多用陶冶烧制的方法制成,先用陶模做出初胎,再覆盖一层细泥进行加工刻画加彩,有的先烧后接,有的先接再烧。兵马俑的车兵、步兵、骑兵列成各种阵势,整体风格浑厚、健美、洗练。如果仔细观察,脸型、发型、体态、神韵均有差异:陶马有的双耳竖立,有的张嘴嘶鸣,有的闭嘴静立。所有这些秦始皇兵马俑都富有感染人的艺术魅力。陶俑的战袍上绘有朱红、橘红、白、粉绿、绿、紫等色。裤子绘有蓝、紫、粉紫、粉绿、朱红等色。甲片多为黑褐色,甲组和连甲带多为朱红。同时也有一部分甲组、连甲带绘成紫色。陶俑的颜面及手、脚面颜色均为粉红色,表现出肌肉的质感。而面部的彩绘尤为精彩,白眼角、黑眼珠,甚至连眼睛的瞳孔也描绘得活灵活现。陶俑的发髻、胡须和眉毛均为黑色。整体色彩显得绚丽而和谐。同时,陶俑的彩绘还注重色调的对比。从个体看,有的上着绿色长襦,下穿绿色短裤。再从整体来看,如探方20战车后的一排陶俑,第一个身着红袍,第二个身着绿袍,第三个身着紫袍,第四个身着白袍。不同色彩的服饰形成了鲜明的对比,更加增强了艺术感染力。陶马也同样有鲜艳而和谐的彩绘。秦俑彩绘主要有红、绿、蓝、黄、紫、褐、白、黑八种颜色。如果再加上深浅浓淡不同的颜色,如朱红、粉红、枣红色、中黄、粉紫、粉绿等,其颜色就不下十几种了。化验表明,这些颜色均为矿物质。红色由辰砂、铅丹、赭石制成,绿色为孔雀石,蓝色蔚蓝铜矿,紫色由铅丹与蓝铜矿合成,褐色为褐铁矿,白色为铅白和高岭土,黑色为无定形碳。这些矿物质都是中国传统绘画的主要颜料。秦俑运用了如此丰富的矿物颜料,表明2000多年前我国劳动人民已能大量生产和广泛使用这些颜料。这不仅在彩绘艺术史上,而且在世界科技史上都有着重要意义。

图3-17 马踏匈奴(汉代霍去病墓)

霍去病墓石雕是西汉纪念碑性质的一组大型石刻(见图3-17),是中国西汉名将霍去病的墓冢,位于陕西省兴平县东北约15km处。霍去病(公元前140~前117年)河东平阳(今山西临汾西南)人。汉武帝为纪念他的战功,在茂陵东北为其修建大型墓冢,状如祁连山。封土上堆放着巨石,墓前置石人、石兽等。这组石刻都是运用线雕、圆雕和浮雕的手法将一块整石雕刻而成。材料选择和雕刻手法与形体配合,有的注重形态,有的突出神情,形神兼备。猛兽则表现凶猛，马则表现跃起、注视前方，牛、象则表现温顺，神态各异。墓前列置石人、石马、石象、石虎等石刻，对以后中国历代陵墓石刻有深远影响，一直为汉以后历代陵墓石刻艺术所继承。作者运用循石造型的艺术手法，巧妙地将圆雕、浮雕、线刻等技法融合在一起，刻画形象以恰到好处、足以表现客体特征为度，绝不做自然主义的过多雕饰，从而加强了作品的整体感与力度感，堪称"汉人石刻，气魄深沉雄大"的杰出代表。置于墓冢周围的各种石刻动物，烘托出霍去病战斗生涯的艰苦。原置于墓冢前面的马踏匈奴石刻，是这一纪念碑群雕的主体。此雕塑是由花岗岩制成，高168cm，长190cm。它凝重、庄严，蕴涵着高昂饱满的刚毅气概，以卓然屹立的神情意态，散放出强劲的艺术感染力。这匹战马形象被赋予百折不挠、坚定不移、威武有力的人格象征，透过造型的表达，向人们传递着2000多年前汉军严阵以待、维护安定和无坚不摧的军容信息，使观者感到振奋、壮美、仿佛是对年轻将领气魄的写照，被视为具有纪念意义的一件代表作，雄健超凡、形神兼备（见图3-18、图3-19）。

图3-18　伏虎（汉代霍去病墓）

图3-19　石猪（汉代霍去病墓）

魏晋南北朝是中国古代雕塑史上的一个重要的发展时期。雕塑制作规模之大、作品技巧之成熟，以及雕塑艺术对广大民众精神生活的影响都超过了前代。以汉族为主体的国内各民族，在雕塑领域中都作出了自己的贡献，各民族的文化相互交流、融合，有力地促进了雕塑艺术的发展和提高。佛教雕塑在这一时期居于主体地位，成就最为突出。吸取外来的佛教造像样式，经过众多雕塑家的创作实践，走过了一个吸取、借鉴和融合改造的过程，丰富了中国雕塑的艺术语言。在帝王和贵族的陵墓建筑中占有重要地位的大型纪念性雕塑，供帝王及上层人物陪葬用的陶俑等雕塑品均展现出新面貌和新成就。魏晋南北朝时期较为有名的雕塑家有戴逵和戴颙父子。戴逵擅长佛教雕塑，他努力探索和完善铸造、雕刻的技法表现，改善国外传入的佛像式样而创造出为当时民众易于接受的佛教雕刻形象。他在为灵宝寺造丈六无量寿佛和菩萨木雕像时，潜藏于帷帐中听取观众的褒贬，再加以研究，3年后完成了备受好评的作品。戴颙自幼受到父亲的影响，他在处理大型雕塑作品时具有丰富的经验和娴熟的技巧。陵墓雕塑在魏晋时期稍有停滞，在南北朝时期得以恢复。

南朝宋孝宗武帝首开陵前列兽之风。

隋唐时期是中国古代雕塑艺术更为成熟、成就最高的一个时期。由于长安、洛阳都城等皇家宫苑行宫的大量兴建，石窟的大规模开凿和大量寺庙的修建，出现了内容更丰富、表现范围更大、技巧更熟练的各类雕塑作品。从事雕塑的艺术家和工匠人数众多，其中有不少广为人们所称颂的优秀人才，他们创造出一批划时代的作品，为后代积累了丰富的艺术经验。具有纪念碑性的作品是陵墓雕塑，这些成组的石刻作品形体高大、庄严肃穆，以其适度的体量感给人以强烈的感受。唐代陶俑的塑造在题材范围、工艺技术及表现能力方面有很大的发展，这些作品更加广泛地再现了世俗生活的各个方面，无论是艺术水平还是制作工艺，都达到了古代雕塑艺术的高峰。

活跃在唐代的雕塑家有韩伯通、宋法智、窦弘果等，这个时期的雕塑家都重视写实和传神的能力。韩伯通的活动年代约在隋末至唐高宗干封年间（公元617～667年）。韩伯通从隋代开始制作雕塑，当时还非常年轻，因此到唐代干封年间（公元666～667年）还继续着创作活动。宋法智于贞观年间曾随李义表、李玄策出使印度，并参观和摹写了一些造像，回国后参加了许多重要的具有一定规模的佛像制作。吴志敏也是受到皇室重视的"相匠"之一，他熟练的雕塑技巧往往表现在捏塑高僧的塑像上。这些塑像具有高度写实的水平，雕塑作品和塑造对象十分相像。盛唐时期的雕塑家把绘画理论中的"吴装"也运用到雕塑当中。唐代最著名的雕塑家是杨惠之，先曾学画，和吴道子同师张僧繇笔法；后专攻雕塑，当时有"道子画，惠之塑，夺得僧繇神笔路"之说。传说千手千眼观世音的形象创造是由杨惠之开始的。他在南北各地寺院完成了许多塑像。他塑的倡优人留杯亭彩塑像陈列于市中，人们从背面就能认出，可见雕塑技艺的高超。《五代名画补遗》："杨惠之不知何处人，与吴道子同师张僧繇笔迹，号为画友，巧艺并著。而道子声光独显，惠之遂都焚笔砚毅然发奋，专肆塑作，能夺僧繇画像，乃与道子争衡。时人语曰道子画，惠之塑，夺得僧繇神笔路……且惠之塑抑合相术，故为古今绝技。惠之曾于京兆府塑倡优人留杯亭像，像成之日，惠之亦手装染之，遂于市会中面墙而置之，京兆人视其背，皆曰此留杯亭也"。惠之还著有《塑决》一书，惜已不存，他也被人们尊称为"雕圣"。唐代这些雕塑家在艺术创作上所达到的成就，今天我们还可以从遗存的同时期作品上获得一个概略的印象。唐代立国后，李氏家族把祖宗的墓地改为陵，陵墓依汉陵制度，陵前列置石犀、石虎，开创了唐陵刻石的新制度。唐太宗李世民在世时以九嵕山营造昭陵，开创了"因山建陵"的先例。昭陵中最著名的雕塑作品为昭陵六骏，分别是特勒骠、青骓、什伐赤、飒露紫、拳毛䯄和白蹄乌。昭陵六骏刻于贞观十年，各高2.5m，横宽3m，皆为青石浮雕，姿态神情各异、线条简洁有力、威武雄壮、造型栩栩如生，显示了我国唐代雕刻艺术的成就。昭陵六骏驰名中外，曾有诗云："秦王铁骑取天下，六骏功高画亦优"。这是李世民自己选定的题材。他在隋亡以后，为统一割据的局面，巩固唐王朝新建的政权，南征北战，驰骋疆场，他骑过的六匹马显示了他的战功。这六匹石雕骏马是在平面上起图样，雕刻人马形状的半面及细部，并使高肉突起，称为浮雕，也叫"高肉雕"。每边三匹，皆背靠后檐墙而立。在"飒露紫"中，表现了唐太宗在与王世充作战时为流矢所中，丘行恭进前为他拔箭的亲切形象。昭陵的这些石刻在品类、造型及题材上，既不取生前仪卫之形，也不用祥瑞、辟邪之意，独具一格，所有石刻都是写实，富有政治意义（见图3-20、图3-21）。

图 3-20　昭陵六骏一（特勒骠）

图 3-21　昭陵六骏二（青骓）

　　中国石窟的开凿大约开始于4世纪，盛行于5～8世纪，此后渐渐衰落。石窟是佛教寺院的一种形式，多依山崖开凿，是集建筑、雕塑、绘画、书法于一体的艺术博物馆。依崖凿窟发源于印度，随着佛教传入中国，营造石窟的做法也随之东来。中国的石窟寺遗址大量分布在古代的西域（今新疆维吾尔自治区）、河西（今甘肃）及中原北方地区，形成了西起新疆、东至河南洛阳的石窟分布带。原因一方面是由于佛教东传主要循古代的丝绸之路，由西域入阳关而达中原。西域和河西地区是较早有佛教传入的地区，印度西域的僧人将"开窟以居禅"的风习传入中原汉地。更重要的原因是由于玄风南渡以后，南北佛教信仰发生变化，中原北方佛教重福田功德、轮回业报，因此建寺开窟、绘塑佛像的风气转盛，与南朝重义理、通玄解的风气相分野，故长江下游仅有少量的石窟遗存。

　　敦煌莫高窟是甘肃省敦煌市境内的莫高窟、西千佛洞的总称（见图3-22），是我国著名的四大石窟之一，也是世界上现存规模最宏大、保存最完好的佛教艺术宝库。莫高窟位于敦煌市东南25km处，开凿在鸣沙山东麓断崖上，南北长约1600m，上下排列5层、高低错落有致、鳞次栉比，形如蜂房鸽舍，壮观异常，是举世闻名的佛教艺术中心。莫高窟虽然在漫长的岁月中受到大自然的侵袭和人为的破坏，但

图 3-22　敦煌莫高窟彩塑

至今保留有从十六国、北魏、西魏、北周、隋、唐、五代、宋、西夏、元等10个朝代的洞492个，壁画45000多平方米，彩塑像2000身，是世界现存佛教艺术最伟大的宝库。莫高窟所处山崖的土质较松软，并不适合制作石雕，所以莫高窟的造像除4座大佛为石胎泥塑外，其余均为木骨泥塑。塑像都为佛教的神佛人物，排列有单身像和群像等多种组合，群像一般以佛居中，两侧侍立弟子、菩萨等，少则3身，多则11身。彩塑形式有圆塑、浮塑、影塑、善业塑等。这些塑像精巧逼真、想象力丰富、造诣极高，而且与壁画相融映衬、相得益彰。早期的洞窟一般在壁面上层作阙形龛，龛内塑交脚弥勒菩萨像；北魏时期多开凿中心柱窟，并于中心柱四面开龛，龛内的造像主尊多是释迦、弥勒，并有二胁侍菩萨组成一铺完整的造像；北周时出现主尊、二弟子、二菩萨为一铺的新形势。早期塑像制作简朴，衣纹处理概括为阴线、阶梯或贴泥条等形式。隋代的莫高窟彩塑技巧逐步向成熟阶段过渡，佛、弟子、菩萨逐渐脱离壁画而形成圆雕，塑造手法也较为细致，在形象上尤其是弟子像开始有了较明确的性格。例如，419窟迦叶像表现的是一位现实生活中饱经风霜的老年胡僧的面貌。由于时代的局限，人体造型的掌握上还没能达到得心应手的境地，体型一般头大、体壮、下肢较短，缺少质感的细腻变化。莫高窟彩塑到了唐代达到技巧表现的高峰。唐代以杨惠之为代表的优秀雕塑家的作品已荡然无存，但莫高窟却遗留下与他们时代相同的具有极高水平的彩塑，展现了唐代雕塑艺术所能达到的成就。石窟造像由于教义的限制，能够表现的类型很少，但雕塑匠师们却善于把生活作为吸取创作的源泉，以现实中所见的人物形象来丰富和神话人物的表现。作者以想象丰富了生活中的原型，塑造出具有内心活动的真实外表，从而在一定方面表现了生活的真实。莫高窟中的菩萨像在唐代彩塑中占有突出的地位，由于社会的变迁，它和壁画中的形象一样更多地表现女性的温柔和沉思。这种表现往往不只通过头部的刻画来完成，而是将整个雕像作为一个整体，以各部细致的变化、不同的质感和色彩的对比来实现。莫高窟196窟的菩萨上身袒露，端坐在莲花台上，一腿盘曲，一臂微举，动态虽然十分简单，但体态的微妙变化和头部微倾相呼应，完美地表达出整体的精神状态，使人联想到娴雅、沉思的少女。松垂的华丽裙衣，更对比出皮肤的洁白莹润，有着高贵典雅的气质。384窟龛侧的供养菩萨像，虽经后世重装，但体态神情基本保持愿意。整个彩塑除了身上的装束外，很难找出菩萨的印来，实际上这只是一个高盘发髻、眉长颐丰的少女。下垂眼帘里凝视的眸子、隐约含笑的樱唇和叉手跪下时的娇柔，揭示出少女在祈祷时虔诚的内心。从这些具有生活意味的造像我们可以看到，当时佛教徒的"自唐来，笔工皆端严柔弱似妓女之貌，古今人夸娃如菩萨也"，正反映了宗教美术与生活之间的联系。莫高窟彩塑突出的特点是善于利用泥塑与色彩、壁画相结合而达到统一的效果。唐代洞窟多是在方室的正壁开一龛，在形如舞台的龛内，在参观者的视点以上塑出一组不同类型的形象，色彩明朗、华丽。彩塑背后的壁画有机地与雕塑结合在一起，形成空间的延续。莫高窟的开凿是为了弘扬佛法，题材面狭小，但在千百匠师的创造下，却为这些不同类型的形象赋予了个性和生命力，不同程度地反映了唐代现实社会的面貌和极高的艺术技巧。

　　云冈石窟是我国最大的石窟之一，位于山西省大同市以西 16km 处的武周山南麓，依山而凿，东西绵延约 1km，气势恢弘、内容丰富。现存主要洞窟 45 个、大小窟龛 252 个、造像 51000 余尊，代表了公元 5～6 世纪时中国杰出的佛教石窟艺术。其中，昙曜五窟布局设计严谨、统一，是中国佛教艺术第一个巅峰时期的经典杰作。云冈石窟距今已有 1500 多年的历史，始建于公元 460 年，由当时的佛教高僧昙曜奉旨开凿。整个石窟分为东、中、西三部分，石窟内的佛龛像蜂窝密布，大、中、小窟疏密有致地镶嵌在云冈半腰。东部石窟多以造塔为主，故又称塔洞；中部石窟每个都分前后两室，主佛居中，洞壁及洞顶布满浮雕；西部石窟以中小窟和补刻的小龛居多，修建的时代略晚，大多是北魏迁都洛阳后的作品。整座石窟气势宏大、外观庄严、雕工细腻、主题突出。石窟雕塑的各种宗教人物形象神态各异，在雕造技法上继承和发展了我国秦汉时期艺术的优良传统，又吸收了犍陀罗艺术的有益成分，呈现出云冈独特的艺术风格，对研究雕刻、建筑、音乐、宗教都是极为珍贵的资料。云冈石窟形象地记录了印度及中亚佛教艺术向中国佛教艺术发展的历史轨迹，反映出佛教造像在中国逐渐世俗化、民族化的过程。多种佛教艺术造像风格在云冈石窟实现了前所未有的融会贯通，由此形成的“云冈模式”成为中国佛教艺术发展的转折点。敦煌莫高窟、龙门石窟中的北魏时期造像均不同程度地受到云冈石窟的影响。云冈石窟是石窟艺术“中国化”的开始。云冈中期石窟出现的中国宫殿建筑式样雕刻，以及在此基础上发展出的中国式佛像龛，在后世的石窟寺建造中得到广泛应用。云冈晚期石窟的窟室布局和装饰，更加突出地展现了浓郁的中国式建筑、装饰风格，反映出佛教艺术“中国化”的不断深入（见图 3-23）。

　　龙门石窟位于河南省洛阳南郊 12km 处的伊河两岸。经过自北魏至北宋 400 余年的开凿，至今仍存有窟龛 2100 多个，造像 10 万余尊，碑刻题记 3600 余品，多在伊水西岸，其数量之多居于中国各大石窟之首。龙门石窟前后历经北魏、东魏、西魏、北齐、北周、隋等，发展到唐代贞观年间达到鼎盛时期。龙门石窟是历代皇室贵族发愿造像最集中的地方，是皇家意志和行为的体现。北魏和唐代的造像反映出迥然不同的时代风格。北魏造像在这里失去了云冈石窟造像粗犷、威严、雄健的特征，而生活气息逐渐变浓，趋向于活泼、清秀、温和。这些北魏造像脸部瘦长、双肩瘦削、胸部平直，衣纹的雕刻使用平直刀法，坚劲质朴。北魏时期人们崇尚以瘦为美，所以佛雕造像也追求秀骨清像式的艺术风格。而唐代人们崇高以胖为美，所以唐代佛像的脸部浑圆、双肩宽厚、胸部隆起，衣纹的雕刻使用圆刀法，自然流畅。龙门石窟的唐代造像继

图 3-23　云冈石窟

承了北魏的优秀传统，又汲取了汉民族的文化，创造了雄健生动而又纯朴自然的写实作风，达到了佛雕艺术的顶峰。北魏时期的代表洞窟有宾阳洞、古阳洞、莲花洞、石窟寺洞等。宾阳三洞平面呈马蹄形，进深增加，形成宽敞的空间，集中最完美的要数宾阳中洞。宾阳中洞是北魏时期具有代表性的洞窟。"宾阳"意为迎接出生的太阳。宾阳三洞开凿于北魏时期，是北魏的宣武帝为其父亲孝文帝做功德而建。它开工于公元500年，历时24年，用工达802366个，后因为发生宫廷政变以及主持人刘腾病故等原因，计划中的三所洞窟（宾阳中洞、南洞、北洞）仅完成了一所（即宾阳中洞），南洞和北洞都是到初唐才完成了主要造像。宾阳中洞内为马蹄形平面，穹窿顶，中央雕刻重瓣大莲花构成的莲花宝盖，莲花周围是8个伎乐天和2个供养天人。它们衣带飘扬，迎风翱翔在莲花宝盖周围，姿态优美动人。洞内为三世佛题材，即过去、现在、未来三世佛。主佛为释迦牟尼。他是佛教的创始人，原名叫悉达多·乔达摩，原是古印度净饭王的儿子。他和中国的孔子生活在同一时代，比孔子年长12岁。他在29岁时出家修行，经过6年悟道成佛，创立了佛教。由于北魏时期崇尚以瘦为美，因此主佛释迦牟尼面颊清瘦、脖颈细长、体态修长，其衣纹密集，雕刻手法采用的是北魏的平直刀法。由于北魏孝文帝迁都洛阳后实行了一系列的汉化政策，因此洞中主佛的服饰一改云冈石窟佛像那种偏袒右肩式袈裟，而身着宽袍大袖袈裟。释迦牟尼所有侍立二弟子、二菩萨。二菩萨含睇微笑，文雅敦厚。左右壁还各有造像一铺，都是一佛、二菩萨，着褒衣博带袈裟，立于覆莲座上。洞中前壁南北两侧，自上而下有4层精美的浮雕。第一层为以《维摩诘经》故事为题材的浮雕，叫做"维摩变"；第二层为两则佛本生故事；第三层为著名的帝后礼佛图；第四层为"十神王"浮雕像。其中，位于第三层的帝后礼佛图反映了宫廷的佛事活动，刻画出了佛教徒虔诚、严肃、宁静的心境，造型准确、制作精美，代表了当时极高的生活风俗画发展水平，具有重要的艺术价值和历史价值。

龙门石窟在唐代再次成为大规模宗教活动的中心，现存唐代开凿的洞窟数十处，其中最重要的石刻造像是奉先寺造像。奉先寺原名大卢舍那像窟，位于洛阳市龙门石窟西山南部，始雕年代说法不一，有说是唐代咸亨三年（公元672年）开始雕凿，至唐代上元二年（公元675年）完成，是龙门石窟中规模最大、艺术精美、最具有代表性的大龛。奉先寺南北宽约34m，东西深约36m，置于9m宽的三道台阶之上，龛雕一佛、二弟子、二胁侍菩萨、二天王及力士等11尊大像。奉先寺是龙门石窟中规模最大、最具有代表性的露天佛龛，形态各异、刻画传神的造像显示了盛唐雕塑艺术的高度成就，成为石雕艺术史上的奇观。石窟正中卢舍那佛坐像为龙门石窟中最大的佛像，身高17.14m，头高4m，耳朵长1.9m，造型丰满，仪表堂皇，衣纹流畅，具有高度的艺术感染力，是一件精美绝伦的艺术杰作。佛像丰颐秀目，嘴角微翘，呈微笑状，头部稍低，略作俯视态，宛若一位睿智而慈祥的中年妇女，令人敬而不惧。卢舍那佛像两边还有迦叶和阿难两位弟子，形态温顺虔诚，二菩萨和善开朗。天王手托宝塔，显得魁梧刚劲。两旁侍立的弟子迦叶严谨老成，阿难虔诚顺服，菩萨端丽矜持，天王蹙眉怒目，力士威武雄健，形态各异、刻画传神的造像显示了盛唐雕塑艺术的成就，成为石雕艺术史上的奇观。龙门石窟现存70余尊优填王依坐像，造型简约，带有浓厚的印度佛像风格。这些造像的原型是玄奘法师从印度带回来的优填王造像，后成批摹刻移入龛内供奉起来。东山擂鼓台和万佛沟的千手千眼大悲观音像和多臂菩萨像的造型优美，是唐代早期密教早想的代表作品。龙门石窟中大量雕凿的阿弥陀、观音和地藏菩萨的龛像，更形象地反映了唐代净土信仰和末法思想在民间的普及程度（见图 3-24）。

图 3-24 龙门石窟

五代和宋元时期，我国的雕塑造像主要集中在寺观当中。山西平遥镇国寺建于北汉天会七年（公元963年），清嘉庆二十一年（公元1816年）重修，位于山西省平遥县城北郝洞村。镇国寺各殿皆有塑像，其中万佛殿内塑像最为珍贵，是五代北汉天会年间建殿时的作品。万佛殿内佛坛宽大，长宽均为6.09m，高55cm，沿边用青砖叠砌而成，约占全殿面积的1/2。坛上正中设束腰须弥座，释迦佛坐于其上，全殿共有塑像14尊。其中，除3尊（观音、善财、龙女）为明代塑造、清代重绘油彩外，其余皆为五代原作，佛坛式样，塑像配置均与五台山唐代建的地禅寺大殿同略同。释迦牟尼像造型高大，结跏坐式，手势作禅宗拈花印，佛相端庄慈祥，反映了唐代及五代的风格。

灵岩寺始建于东晋，坐落于泰山西北麓，位于济南市长清区万德镇境内。灵岩寺的千佛殿内有40尊彩色泥塑罗汉像，其中有32尊塑于宋治平三年（公元1066年），8尊补塑于明万历年间（1573～1620年）。这些塑像皆坐于80cm高的砖砌束腰座上，罗汉像顶距座面高度在105～110cm之间。古代艺术家们在塑造这些罗汉像时，打破了传统的佛教造像模式，侧重于写实，具有浓郁的世俗气息和现实生活情趣，以形写神，以神表情，以情现心，重在体现每尊罗汉的个性与特点，刻画罗汉的内心世界，使之真实、生动，更接近生活。观其形态，或端恭、或拄杖、或合掌、或趺坐、或口讲手指、或侧耳细听，无不准确生动。察其神情，有的勇猛、愠怒，有的和善、老成，有的据理力争，有的闭眸沉思，有的笑容可掬，有的俯首低吟，有的纵目远眺，无不细致入微。看其气质，有的清姿秀骨，有的寒碜潦倒，有的雍容华贵，无不形象传神，可谓栩栩如生、呼之欲动。此外，人体与衣饰的关系处理也非常得当，线条的曲直、虚实与起伏，动作瞬间的衣褶变化，织物的质感，都表现得准确而生动，节奏感极强。一位医学界人士说，透过罗汉的袈裟，能看出古人对人体解剖学的准确把握。

山西太原西南的晋祠本是纪念周武王次子唐叔虞的祠堂，北宋时又崇奉其母邑姜。晋祠中的圣母殿就是为邑姜所建。殿的中央是邑姜像，而左右两庑就塑了40多位侍者。主像邑姜即圣母殿的"圣母"，正如很多宗教雕塑一样，由于仪轨、身份的限制，做得比较拘谨、刻板，精彩之作全在于这群侍女之中。除了主像外，其他30多个造型人物形象逼真、表情活泼，可见这些表情身姿所传达的思想内涵绝不会是建筑主人的本意，而恰恰是雕塑艺人们的深刻构思。我们看到的其实已经和宗教无关，并且和纪念邑姜这位"圣母"也没有多大干系，这些创作纯属雕刻家有感而发的"借题发挥"。从中，我们看到了北宋社会的有血有肉、有喜怒哀乐的真实人物，体会到这些人之间的社会关系和由此产生的复杂心态和深刻个性。同时，我们也不得不叹赏雕塑家们的高超技艺，这种深入的个性刻画、微妙的造型能力在北宋以前是远未达到的。

明清时期的雕塑艺术，在社会财富不断积累的基础上和逐渐改进的工艺艺术条件下继续活跃发展。其中，宗教雕塑、陵墓及其他建筑中的仪卫性雕刻，尤其是在朝廷官府直接控制下所产生的作品，虽然耗费了大量人力、物力，规模宏大、用材昂贵、制造精细，但大多缺少创造性和生命力，总体上反映了神权与皇权的日益衰落，只有少数有生命的作品。建筑装饰雕刻发展与建筑样式的变迁密切相关，品种之多样、取材之广泛皆超越前代，整体风格也日趋精巧繁丽，体现了社会时尚与新的需求。明清时期的宗教雕塑造像继承了唐宋以来的造像传统，但又有所变化。一些作品能够突破固有样式，以更为世俗化、个性化的艺术语言，创造出深受大众喜爱的罗汉与侍女等艺术形象；另一些作品则融合蒙、藏喇嘛教雕塑的样式，尤以清朝官府主持修建的寺庙中的佛、菩萨、明王等形象最为明显，小型的鎏金铜佛、菩萨像也几乎全为喇嘛教造像样式，甚至在清代还编纂出喇嘛教造像为标准的雕塑典则——《造像量度经》。双林寺位于山西省平遥县西南6km处的桥头村，其中的雕塑堪称经典。清代宗教雕塑中另一值得注意的现象是木雕和铸铜佛教造像的增多。这个时期的木雕作品中最具代表性的要数承德普宁寺的千手千眼观音像。该像高22.28m，是世界上现存的最大的木雕佛像，其文物价值和艺术价值堪称世界之最。西藏地区的寺庙中有极为丰富的佛教造像。这些造像大都按照《造像量度经》的规格塑造，具有原始、野性、矿悍的艺术特点，同时也反映了创作者的想象力。这些佛像制作手段以铜铸和泥塑为主，铜像用失蜡法，外表镀金或贴金，并以彩绘和各种宝石加以装饰。其中最重要的佛像用8种合金制作，结构复杂、构思精妙，表现出了极高的铸造工艺。泥塑佛像刻画细腻，手足光润柔和，多施以鲜艳、对比强烈的色彩与大量用金，达到了金碧辉煌的效果。

二、中国仪卫性雕塑

明清时期的仪卫性雕塑是指陵墓前的石像生、宫殿园林与其他公共建筑中的石雕或铸铜的石狮与瑞兽等。这些雕塑多采用圆雕手法并成双或成组摆放，与单体建筑物上的装饰性雕塑有不小的区别。明代的陵墓雕刻多集中在北京的十三陵中。十三陵的神道两旁整齐地排列着24只石兽和12个石人，造型生动、雕刻精细，深受游人喜爱，其数量之多、形体之大、雕琢之精、保存之好是古代陵园中罕见的。石兽共分6种，每种4只，均呈两立两跪状。将它们陈列于此，赋有一定含义。例如，雄狮威武，而且善战；獬豸为传说中的神兽，善辨忠奸，惯用头上的独角去顶触邪恶之人。狮子和獬豸均是象征守陵的卫士。麒

图 3-25　明清仪卫性雕塑

麟为传说中的"仁兽"，表示吉祥之意。骆驼和大象忠实善良，并能负重远行。骏马善于奔跑，可为坐骑。石人分勋臣、文臣和武臣，各 4 尊，为皇帝生前的近身侍臣，均为拱手执笏的立像，威武而虔诚。在皇陵中设置这种石像生，早在 2000 多年前的秦汉时期就有，主要起装饰、点缀作用，以象征皇帝生前的仪威，表示皇帝死后在阴间也拥有文武百官及各种牲畜可供驱使，仍可主宰一切。

总体上来说，明代陵墓雕刻与唐代相比，注重绘画性、玲珑精巧，但华而不实、呆板、僵硬而缺乏精神活力，以致最终陷入公式化与概念化的境地。清代陵墓石刻多分布在东北和北京周边的各个陵园中。清陵雕塑的配置结合于数目上与明陵略有不同，各陵的规格、数量也不等，然而创作意图一如既往，无非旨在宣扬统治者的文治武功，泽被四海、威武神圣。造型上崇尚精美，柔弱无力更甚于明代。只是在现实性与理想性的统一、写实手法与装饰手法的结合，以及追求整体感又不忽视细节刻画上，还延续着唐宋以来的传统。其他散落于皇家园林、寺庙中的仪卫性雕塑与汉唐的石刻相比，已经失去了生龙活虎、天马行空的气势与自由精神，石像生成的形象成为已被驯化后的家畜及其美化与放大（见图 3-25）。

三、明清时期建筑装饰雕塑

明清时期建筑装饰雕塑的发展略有提高，建筑装饰雕塑是雕塑艺术的类别之一。它以独特的艺术语言创造形象，以满足人类物质与精神的需求，亦因其"装饰性"的特质，使雕塑艺术世界更加丰富多彩。装饰一词，在我国《现代汉语词典》里解释为在物体的表面加以附属的东西，令其美观。人们往往只是从狭义的概念出发，即认为它只是建筑的表面的修饰与完善，起着简单的点缀作用，是建筑物的附属装饰，或认为它只是纯粹的形式和图案化的立体表现，以增添建筑的整体效果和美观程度（见图 3-26）。如果是这样，建筑装饰雕塑作为附属于建筑表面的一种艺术形态，并不是建筑的基本需要，而只是为了简简单单的美观。有人说建筑

图 3-26　明清古建筑雕塑（雀替）

就像音乐一样，建筑装饰雕塑就像是点缀的装饰音符，其作用是为了让人们的眼睛感到愉悦，心灵获得放松和休息。这样的说法本身没有错，但实际上它是对建筑装饰雕塑的一种片面的认识。建筑装饰雕塑不仅具有装饰和美化环境的作用，同时也是社会意识、信念和价值观的一种特殊表现，是艺术表现的一种方式和范畴。它在内容上，以积极向上的内容反映了人们共同的理想和信念；在形式上，以概括、提炼、简约、夸张和寓意等方法进行艺术处理；在功能上，既有实用性强的艺术类型，也有纯粹的欣赏性的、表现艺术精神理念和形式的作品。建筑装饰雕塑艺术作为表达文化内涵、民俗背景的一种艺术形式，我们既可以把它当作是一个国家或者民族文化的一种象征，又可以看作是某种民族文化积累的产物。另一方面，它还可以说是一个民族精神、文化传统和建筑发展历史的一种融合，代表了不同历史时期的精神面貌。它所雕琢和反映的内容，就像是在漫长的历史文化长河遗留下来的沧桑印迹，展示了人们对理想、信仰、价值观等精神意念的无限追求。因此，建筑装饰雕塑有其独特的艺术价值，是民族文化的永恒的物质形态。中华民族悠久的历史创造了光辉灿烂的文化艺术，而建筑装饰雕塑就是其重要的组成部分。

自隋唐以来，随着皇宫建筑和墓志碑石以及各种明间建筑工艺雕刻的迅猛发展，建筑装饰雕塑艺术得到了广泛的应用。隋、唐的宫殿建筑富丽堂皇，各种装饰、绘画、雕刻无一不华美异常。但由于年代久远，宏伟的宫殿早已湮没无存，现今能看到的只有少量的桥梁或者佛塔。

隋代的安济桥，其整座桥全部以石头为材料。石头桥栏板上附有以龙的形象为题材的装饰雕刻，可能是受商代青铜器上的兽面纹的影响，其造型洗练，具有很强的艺术性。栏杆表面的装饰，除了龙的形象外，也有一些动植物等纹样，但多数已经看不到了。至于佛塔，建于唐代的大、小雁塔迄今仍然屹立在陕西西安。佛塔上面的装饰图案大多用阴线刻画。史载大雁塔是为唐玄奘译经之所，为佛教建筑，是以其全部门框、门楣满饰阴线刻出的佛菩萨天王像。门楣上刻有佛说法图，西门楣画面中刻有佛殿。根据佛殿的样式，我们可以推断出唐代宫殿殿宇建筑的构造形制，可为研究唐代建筑提供史料。

宋代建筑受唐代影响很大，主要以殿堂、寺塔和墓室建筑为代表。建筑装饰雕塑与建筑的有机结合是宋代建筑的一大特点，寺塔的装饰雕刻尺度合理，造型完整而浑厚。苏州虎丘塔、泉州仁寿塔都是典型之作。

元代建筑装饰雕塑比较发达，甚至还建有专司装饰雕刻的部门。元代建筑装饰雕塑，现存者以北京居庸关附近过街塔云台拱门内四大天王和拱洞内外的装饰雕刻最负盛名。据史料考证，过街塔始建于元至正二年（公元 1342 年），所在地是元大都通往上都通道。在居庸关塔基门洞内雕有四天王像浮雕，其中有一个增长天王，手持长剑，足踏鬼卒，两侧侍立武士随从。为了显示威武，雕像在造型上的处理极为夸张。元代砖建雕饰墓以山西新绛县出土的元至大四年（公元 1311 年）的墓葬为代表。墓室四壁采用砖饰雕刻，后壁雕为隔门四扇，左右各雕出一奏乐儿童，左右壁雕孝子人物故事各 6 组以及花卉装饰。南壁墓门上部空间雕一舞台，台上有 5 位表演者，中间者为主角，头戴展角幞头帽，着长袍玉带；其他 4 人有的拱手而立，有的持着团扇，各具神态。墓门内两侧壁雕有两个裙带飘舞的飞天，从造型上可以看出其深受到佛教造像的影响。

明清建筑装饰雕塑现今保存下来的较多，也比较完整，其中包括石雕、砖雕、木雕等。明清宫殿、天安门广场的华表、明十三陵和清东西陵的华表、石坊等都雕刻有大量花纹装饰纹样；至于砖雕和木雕，则遍布全国各地。许多寺庙等公众建筑物盛行木雕装饰，砖雕和陶塑也较多见。雕刻题材多为人物故事、花鸟图案等。福建泉州开元寺大雄宝殿殿檐斗拱的装饰雕刻属于明代寺庙建筑装饰。檐斗上雕有飞天伎乐，整个雕刻优美、精致，既渲染了气氛，又烘托了佛教的主题。我国明、清两代的建筑装饰雕塑包括独立的纪念碑式的牌坊等建筑物，以及附属于宫殿庙宇建筑的雕刻纹饰。牌坊即牌楼，包括以彩画为主的木建和用于雕饰的石建。在封建时期，此种纪念碑式的建筑物几乎遍布全国各地，也用于装饰宫城或陵园，尤以石建牌坊所起的装饰作用最大。在明、清的皇帝陵墓之前，也都有此类装饰雕刻建筑物。以明十三陵前的石坊来说，所附装饰雕刻虽然不是很复杂，但整个石坊雕刻精美装饰性强，不愧为一件装饰雕刻艺术精品，且围绕石坊夹柱所雕出的祥龙、瑞兽等纹饰，异常丰富（见图 3-27）。

图 3-27　广州陈氏书院的砖雕

到了近现代，西方思潮的涌入改变了我国单一的建筑装饰雕塑艺术格局，为我国建筑装饰雕塑的发展增添了新的装饰语言，注入了新的活力。我国建筑装饰雕塑从此从封闭走向开放，逐步与国际接轨。

出现在宫廷园林、寺庙、陵墓和官颁牌坊的雕塑，多以龙凤云水为主体或以百兽飞鹤为主体。出现在佛教寺庙中的雕塑则与宗教装饰图案相结合。出现在世俗性建筑物中的雕塑表现的多为历史传说戏文故事，其雕刻手法善于把高浮雕、浅浮雕、透雕与圆雕相结合，装饰性与写实性相比衬，装饰作用与独立欣赏价值相统一，工艺精巧、华美，或玲珑剔透，较之前代精美华丽，充分体现了能工巧匠的高超技艺。皇家建筑装饰性雕塑以北京故宫为代表，多以龙凤为主体。天安门前后的明代华表由多种雕刻手塑造而成，主体为龙纹，具有素洁华贵之美。

由于建筑装饰雕塑与建筑之间关系密切，因此它不仅与其他雕塑有相同的规律，而且有着自己独特的特征。它在满足人们物质生活的同时，亦满足了人们的精神需求，因此它是实用功能和审美功能的统一，又是科学技术和艺术的统一。综观世界建筑的发展可以看出，人类的建筑活动始终伴随着雕塑艺术的创作而发展。

建筑装饰雕塑不仅美化了建筑，同时也起到了重要的承载作用。传统的建筑雕塑主要是为宗教和政治服务，而现代的建筑雕塑则是以文化性与艺术性为中心，以服务公众为目的。

在宗教方面，建筑装饰雕塑起着不可低估的作用。不论是东方的佛教还是西方的基督文明等宗教形式，都运用这种依附在建筑上的装饰雕塑以及其他的艺术表现形式来传播教义和教规。我们现在还可以看到的全世界遗留下来的寺庙、教堂、石窟等证明了这一切。建筑装饰雕塑以其形象化和持久性传播了各种宗教的影响，远远超过文字、诗歌等艺术形式所起的作用，成为一种最直接、最形象、最有效的传播方式。

在环境美化方面，建筑装饰雕塑更是功不可没。现代社会中，随着城市建设的快速发展，建筑装饰雕塑也相应地得到了发展。它不再仅仅依附于建筑，对建筑进行装饰和美化，而是更加注重配合环境的总体规划和建设的总体布局，甚至与建筑融为一体，成为一种崭新的艺术表现形式。以雕塑的方式来装饰建筑日益受到了人们的重视，由此创造出了富有雕塑感的建筑艺术，或者实现了建筑的雕塑化，在为城市增添了文化内涵的同时，也美化了城市环境。在公共环境中，建筑装饰雕塑所雕饰的内容、形态、色彩等，在传达了视觉美感、使人产生不同的心理感受的同时，又能弥补建筑上、视觉上，或者空间结构上的某种缺陷和不足，从而创造出富有吸引力和生命力的新空间、新环境和新氛围，最终达到美化、装饰环境的目的。如印度的巴赫伊莲教堂建筑，采用圣洁的莲花造型作为建筑的整体造型。从建筑本身来说，这无疑就是一件完美的雕塑。再如沈阳的"九一八"纪念馆就是以日历的形式，构建一个巨型雕塑，上面刻画着 1931 年 9 月 18 日，雕塑内部则是一个三层的展览室，陈列着有关"九一八事变"的资料，作品把纪念碑和展览馆的双重功能进行巧妙的结合，使建筑与雕塑合而为一，既有使用功能又不乏精神内涵与纪念意义（见图 3-28）。

建筑装饰雕塑的潜移默化、陶冶情操、净化心灵的作用，得到了越来越多人的肯定。创作者在进行创作时，把某一种文化现象、个人对自然和社会人生的感悟，以及个人的思想感情、奇思妙想，通过各种各样的手段融入作品中，使欣赏者在欣赏作品时可以体味其中的内涵和精神理念，进行全方位、跨时空的交流。人的审美欲望是一种本能，通过周围世界的感知，使自己理想和欲望得到精神意识的寄托和内心的满足。

建筑和建筑装饰雕塑构成了建筑的完美统一。如果说建筑躯体，那么建筑装饰雕塑就是它的生命和活力。不同历史时期的建

图 3-28　沈阳"九一八"纪念馆

筑表现出不同的民族文化，而不同的建筑装饰雕塑则放射着不同的艺术光辉。我们研究建筑装饰雕塑，就应该了解各历史时期的建筑风格与装饰特点，从中寻找现代建筑雕塑的东西。

中国与西方有着不同的文化和传统，有着相异的历史发展进程，从而形成了各自的审美情趣、审美要求，并在建筑装饰雕塑方面也表现出两种不同的文化差异。

中华民族 5000 年的灿烂文明在世界文明史上具有非常重要的地位。在庄子哲学思想的影响下，我国古代的雕塑艺术追求"物我合一"、"天人合一"的精神境界，形成了东方独特的审美观和造型观。由于受到中国儒家和老庄思想、传统文化、历史背景的影响，中国的造型艺术自古以来就注重"气韵、传神"，注重写意，善于运用夸张、寓意、象征的表现手法，造型生动、含蓄，以形写神、神韵至上，追求一种精神美、意象美，形成了中华民族独特的艺术造型语言，创作了大量具有东方神韵的艺术杰作。传统建筑装饰雕塑注重表现建筑的空间结构状态，其相对于建筑体而言是含蓄的。在我国传统建筑上我们可以看到很多用来装饰建筑物的具有象征意义的动物，如龟、鹤等象征着长寿，花瓶同平安，金鱼池塘代表金玉满堂，鸾凤象征婚姻美满，蝙蝠同福，在中国传统文化里它们都寓意着福气。此外还有通过神话传说、文学典故加以表现的，如麻姑献寿、和合二仙、刘伶醉酒、八仙过海、天官赐福等，题材非常广泛。龙、凤的形象也是中国建筑雕刻中最常见的。在民间，它们是一种吉祥、神话的图腾，在封建皇权上，龙象征皇帝，凤象征皇后，所以古代宫殿、陵墓、坛庙等都饰以大量的龙凤形象。

相比东方的写意，西方的建筑装饰雕塑则善于写实，偏重于对象的形体塑造，体积和量感，因为它们受不同的文化传统、理性的哲学思维和基督教文明的影响。如前所述，罗马的艺术风格主要继承的是希腊艺术，并将其演变成符合本民族需要的文化艺术风格。从建筑装饰雕塑上来讲，古罗马就是在沿袭了希腊建筑装饰雕塑风格的基础上发展起来的，它同样崇尚健美的人体，并追求个性表现，注重艺术作品实用与写实的结合。刚开始时，建筑装饰雕刻题材上常以希腊神话故事为主；后来，随着基督教的出现并发展壮大，更多地出现了为表现宗教题材、宣扬教义的作品。中世纪时期，基督教文化已经传播到整个欧洲，并为宗教文化服务，促进了西方各国的教堂建筑造型与建筑装饰雕塑的发展。另外，西方建筑装饰雕刻的表现手法因受希腊古风时期、古罗马时代的影响，人体成为建筑雕刻经常表现的内容，崇尚人体美，追求再现性的写实风格。

在漫长的历史长河中，建筑装饰雕塑作为一种文化符号，一直是建筑艺术中不可或缺的组成部分，展现着传统的民族文化精神，也反映着一个有深刻含义的时代精神和现代社会现状。然而，当下伴随着世界全球化时代的到来，建筑装饰雕塑由于其自身的特性，已成为一种沟通人与环境的媒介，传承着历史和文化。于是，建筑装饰雕塑设计者应更加负责，用更人性的文化精神去衡量，使建筑装饰雕塑从一种装饰性质的文化符号走向多元化，呈现出更多绚丽多姿的艺术形态，更富有生命力。

1840 年后，列强们在中国控制的殖民城市里建造了一些与其霸权扩张和殖民侵略动机合拍的纪念性雕塑。这些附带有殖民色彩的雕塑虽然具有欧洲写实主义艺术传统，但不被中国大众认可和接受。在这种情况下，中国现代雕塑的第一代雕塑家在国外学成归来，在国家内忧外患、财力物力凋敝不堪的条件下，创作了一批新型纪念性雕塑和室内雕塑，这些雕塑的题材多是著名的政治家、抗敌英雄等。

中国古代园林很早就有雕塑装饰。汉武帝时建章宫北太液池畔曾有石鱼、石龟、石牛、织女，还有铜仙人立于神明台上。现在颐和园宫门前的铜狮，庭院中布置的铜鹤、铜鹿，既是造型优美的艺术珍品，又是庭院的组成部分。中国园林中"特置"的山石，虽然不是人工雕塑物，但也起雕塑物的作用，如颐和园乐寿堂前的青芝岫、苏州留园的冠云峰都是以其自然形象供人欣赏。在自然风景区，常利用天然岩壁洞穴雕凿佛像。帝王陵园前则以石人、石兽列队甬道两侧，增加中轴线的气势。近年来，中国各地园林中也设置了各种类型的雕塑。

图 3-29 露珠（赵磊）

现代园林是在有限的空间内创作丰富耐看的景观，以满足观者审美心理的需要。作为具有深厚文化传统的中华民族，开发与运用传统文化资源，促进中国现代园林雕塑艺术的发展极为重要。园林是实现人与自然和谐共处的理想场地。在园林景观发展史上，雕塑一直扮演着重要的角色。园林雕塑是一种环境艺术，介于绘画和建筑之间，它的表现需要衬托和依附。在传统园林中，雕塑大多用于装饰。随着时代的进步和艺术的发展，雕塑不再仅仅是环境的装饰与点缀，而是与现代园林景观融合在一起，其本身就是一个崭新的"景观"，是环境内在的"形态"，是园林艺术的视觉中心及点睛之笔（见图 3-29）。

雕塑作为立体的造型，主要通过视觉感应作用于人的心灵，即使从属于建筑和周围环境起装饰作用的雕塑作品，也都具有这样的作用。人们欣赏雕塑，第一眼就是欣赏它的形式和风格语言。优秀的雕塑作品能赋予人们以人文内涵与艺术熏陶。对社会和观众，我们要多做艺术普及工作，提高他们对雕塑的认识，使他们懂得，看雕塑就像读诗、读小说、欣赏电影和戏剧一样，不仅是为了娱乐和消遣，更是为了提高自己的文化修养。试看古今中外的优秀雕塑艺术，都是与当时当地的政治、经济、宗教或其他意识形态，以及风俗习惯有密切联系的一种文化形态，王宫、庙堂、神殿或园林、墓室里的雕塑品无一不是如此。无论是古代希腊和罗马，还是印度和古代两河流域文明；无论是南美的玛雅文化，还是非洲的部落文明，都有着自己丰富的文化传统和资源。作为具有深厚文化传统的中华民族，本民族传统文化资源的开发与运用对中国现代园林雕塑艺术的发展是极为重要的一个方面。

1. 自然中的意境

中国传统艺术追求形神兼备、以形写神，要求艺术形象的外观与内涵统一。讲究玄学的阴阳太极、传神、气韵生动、注重时空的情感与想象，讲究艺术的"意境"情景交融。《园治》中所反复强调的"景到随机"、"因境而成"、"得是随形"等原则，对我们进行园林雕塑设计具有指导性意义。

中国传统文化崇尚人与自然的和谐、形神合一、浪漫与博大的精神理念。在园林景观艺术中，雕塑作品在内容上应更多地合乎中国人的美学传统思想，在形式上应该是一种趋向，来于自然又高于自然。例如，霍去病墓纪念性石刻是因石而得形，因形而造意，因意而施工。艺术家充分利用石块的自然形态，运用纯朴的意念稍事雕凿，从而达到事半功倍的效果。

2. 含蓄中的意境

在中国，传统艺术素以含蓄为特征，情在意中、意在言外，这和中华民族的气质、生活条件、地理环境、哲学思想、伦理道德观念及其他文化因素密切相关。中国古代雕塑给人的感觉不像西方古典雕塑那样，而是神龙露首不露尾、含不尽之意于象外，如秦始皇陵兵马俑、载歌载舞的汉唐女俑等都有这种效果。中国现代园林雕塑可以以泼墨淋漓的大写意表现手法来表现含蓄之美，它蕴含几千年的东方文化、人文习俗和山水灵气。例如，园林中最早的雕塑就是园林之石——太湖石、黄石等，从石峰形体的凹与凸、透与实、皱与平、高与低来看，都具有强烈的抒情韵律感。对于现代艺术家来说，自然界就是个自由开放的空间，是视觉艺术创作的动力之源，它能让你展示出丰富而奇妙的艺术想象。中国美术学院洪世清教授的岩雕作品以海洋生物为素材，在造型上，用残缺美的理念使那些生物在似与不似之间流露出一种自然古拙的神韵。

这些作品体现了作者深入自然中去研究、发现、拓宽艺术创作的新空间，真挚地表达他们的艺术观念。南京朝天宫后山的《竹林七贤》（见图 3-30）突破了历史人物雕塑"写实"的大众思路，大胆地把国画中的大写意手法融入这组石雕上来，并吸取墓砖壁画、砖雕，以及中国古代一些雕塑的表现手法，以"浑然天成，内聚而外张，神先而形其次"为艺术创作思路，充分挖掘了人物的

图 3-30　竹林七贤（南京雕塑）

精神气质，生动体现了东方艺术的魅力，发挥了观众的想象力、创造力、使观众自觉来想象，这是非常重要的艺术技巧。

现代园林雕塑也能通过借景与借意的烘托引起观者审美心理的共鸣。特别是纪念性雕塑，更应注重以人文景观为依托，利用原有自然景观的自身意义和价值，使雕塑的内容与周围景物浑然一体、气韵相连，使观众触景生情、感情充沛。岳飞坟前有铁铸的秦桧夫妇的雕塑，使人联想到"江山有幸埋忠骨，白铁无辜铸佞臣"的诗句。在一些城市和地区，历史上曾发生过重大事件或有着美丽的故事传说，在这些地方建立纪念碑或园林雕塑，其一木一石都能引起人们对先辈们的缅怀和崇敬，从而使雕塑作品具有更强的生命力。

中国现代园林景观雕塑应具有鲜明的个性化面貌，应该以"天人合一"为基本准则设计，不能简单抄袭传统的装饰符号。在雕塑语言特性的基础上，力求使作品与当代中国人的生存现状、生存感觉和当代文化情境相呼应，吸收我中华民族灿烂文化之养分，使之融会贯通，创造出全新的更有意义的、能体现东方民族气质、能包涵中国几千年文化底蕴的现代艺术语言，使中国的现代园林景观雕塑设计出既是中国的、又是现代的园林景观。

四、中国近代雕塑

进入 20 世纪 80 年代，随着我国改革开放和经济的快速发展，雕塑艺术得到了空前的发展，景观雕塑迎来了新的春天。1982 年成立的"全国景观雕塑规划组"和随后成立的"全国景观雕塑艺术委员会"两个机构，对加强城市景观雕塑的管理和景观雕塑的普及起到了积极的作用。80 年代的代表作《拓荒牛》（见图 3-31）是深圳开拓精神的象征，由全国著名的艺术家潘鹤雕刻而成。该雕塑是一件寓意深刻的作品，一头倔强、奋力向前的拓荒牛体现了深圳作为全国经济特区拓荒者的形象，预示着深圳艰苦创业、积极向上的开拓精神，成为深圳人和深圳城市的象征。90 年代后，景观雕塑的创作呈现出百花齐放的景象。这个时期的景观雕塑题材和形式上较 80 年代有了很大的突破，雕塑材料的使用更加广泛，从传统的石材、铜、水泥发展到不锈钢、玻璃钢等。90 年代的景观雕塑作品气势磅礴，观赏者身处其中能更深地体会到雕塑作品传达的感情、感受其他艺术作品无法表达的震撼效果。《抗日战争纪念群雕》、《五卅惨案》等都是这个时期的优秀作品。

20 世纪 90 年代开始，国内的主体性雕塑公园悄然兴起。中国最早的雕塑公园是北京石景山雕塑公园。2000 年西湖国际雕塑邀请赛是为了配合西湖国际博览会的召开而举办的主体为"山、水、人"的雕塑展览活动。1997 年开始举办的长春国际雕塑大会，是我国至今为止规模最大、连续举办次数最多的国际雕塑邀请展，作品上千件。2003 年在北京举办的北京国际城市环境雕塑邀请展，是中国至今举办的最高规格的环境雕塑展览活动。2008 年的北京奥运会和 2010 年的上海世界博览会带动了我国城市景观的建设，特别是城市景观雕塑的发展迎来了一波新的高潮，使我国城市景观雕塑的发展更加有序化和规范化（见图 3-32）。

图 3-31　拓荒牛（深圳，潘鹤）

图 3-32　盛世莲花（郭宝寨，中国澳门）

第 3 节　景观雕塑发展中的变化及雕塑家介绍

雕塑是一种环境艺术，它介于绘画和建筑之间，其表现需要衬托和依附。黑格尔把雕塑艺术分为两大类，一类雕刻作品本身是独立的，另一类雕刻作品是为了点缀建筑空间服务的。前一种的环境只是由雕刻艺术本身所设置的一个地点，而后一种的环境只是由雕刻和它所点缀的建筑物的关系有关。这个关系不仅决定着雕刻作品的形式，而且在绝大多数情况下还决定他们的内容。借用黑格尔的美学语言来概括，前者是独立美，后者是依附美，景观雕塑属于后者。

在历史上，雕塑与环境有着密切的关系，雕塑一直作为环境的一部分存在，如意大利文艺复兴园林。到了现代社会，这一传统依然保存。现代雕塑对景观的影响与现代绘画相比较，景观设计师似乎更多地从现代绘画中找到了无穷的灵感，而现代雕塑对景观的影响则是产生的实质性的作用。

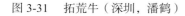

一、景观雕塑的形成

1.雕塑由具象走向抽象

具象的雕塑题材以人物为主，特别是西方的具象雕塑（古希腊、古罗马的雕塑）。具象的人或物吸引人的是其本身的形体变化，很难演变成景观中空间要素的一部分。早期的现代雕塑家布朗库西（Constantin Brancusi，1876～1957年，罗马尼亚雕塑家）和亨利·摩尔（Henry Spencer Moore，1898～1986年，英国雕

图 3-33　侧卧像（英国，亨利·摩尔）

塑家）使具象雕塑走向抽象迈出了艰难的第一步。但是，我们仍然可以看到，亨利·摩尔的雕塑在唐纳德设计的花园中，仍然扮演的是装饰物的角色（见图3-33）。

2. 从室内走向室外

黑格尔说过："艺术家不应该先把作品做好，然后再去考虑把它摆在什么环境中，而应该在构思时就想好它的外部空间与环境。"传统的架上雕塑过多的是放在博物馆或美术馆中展览，靠的是自身的形体变化吸引人。这种雕塑是孤立的，因为它脱离了环境的因素，现代雕塑从室内走向室外，使雕塑家向景观设计师转变或与景观设计师合作，使雕塑成为环境紧密不可分割的一部分，真正地体现了雕塑作为公共性的价值，也开始了向景观雕塑的转变。

3. 尺度及空间的扩大

图 3-34 非暴力（卡罗·富莱德瑞克·陆特斯沃德，美国联合国总部前）

第二次世界大战后，雕塑以日趋简化的抽象构成雕塑和日益丰富的活动雕塑，与抽象表现主义以及雕塑化的"行动绘画"相呼应。戴维·史密斯、赫普沃斯、比尔、卡罗、贾德、莫里斯、托尼·史密斯、安德烈、廷格利、塔基士、舍佛尔、怀特曼、佩奇等雕塑家的作品，显示了战后雕塑努力走向广阔的非限制性生活空间，努力使雕塑形式和周围空间环境保持持久的变化关系的探索意向。作为波谱艺术的代表人物的奥登伯格一直都以幽默的方式创作出大量带有童趣的作品，以丰富的想象力改变了真实物质的形状和意义，以极度夸张的尺寸仿制日常用品矗立在街头，改变了人们正常的审美观念。没有生命的物品转眼间变得气势磅礴，而且具有大众性和趣味性，呈现在人们面前的不是巨大而严肃的纪念碑，而是巨大的玩具，让人们认识到雕塑是快乐的东西（见图3-34）。

无论是在喧嚣的城市还是寂静的旷野，随着空间的扩大，为了满足人们的视觉要求或与之环境相协调，雕塑的尺度也随之无限度地扩大，成为在室外空间能够参与其中，体会到无穷乐趣的公共艺术品，而不仅仅是用来欣赏和教化的神圣艺术。

4. 颜色的回归

在造型艺术世界中，从传统观念来看，形要比色更受到重视，那时雕塑家认为色彩是画家的事情，康德也曾说过："形是主要的东西，从绘画、雕塑、建筑、园林艺术上说是形是本质，它是趣味的基础。"那么色彩是什么呢？现代绘画大师马蒂斯则这样认为"假如形是精神的东西，那么色彩就是感情，首先要画形，然后孕育精神，往精神中导入色彩。"无疑色彩本身也有着情感多层次的表现。

随着现代雕塑序幕的拉开，色彩在雕塑创作中的合理运用会丰富雕塑家的表现语言，毕加索、考尔德等大师们在自己的作品上经常使用色彩，使雕塑增添了新的活力和个性特征，以适合现代生活环境，体现鲜明的时代精神，同时以更为丰富的视觉效果和情感色彩，最大限度地满足观看者的心理要求。阿恩海姆说："那落日的余辉以及地中海的碧蓝色彩所传达的表情，恐怕是任何确定的形状也望尘莫及的"。色彩的明快与忧郁感是由明度和纯度决定的，尤其是纯度对色彩的明快有较大的影响。如红、紫等暖色为明快，黄、绿、蓝显得阴沉，忧郁的灰紫色则暗淡、混浊。在暖色系中，越是倾向红色的色相，兴奋度就越强。例如，现代雕塑家野口勇设计的《红立方体》（见图3-35），体现了色彩在巨大而灰暗冷漠的建筑物间起到改变环境气氛的作用。红色的热情和兴奋在人的视觉心理上，起到了适应和弥补环境给人带来的心理压力和不平衡感的作用。这样做就好像在家里摆放几盆绿色的植物或色彩斑斓的鲜花，会给你的生活营造一种温馨与谐和气氛。

20世纪60年代初，有人认为在金属雕塑表面涂一层统一的颜色是一创举。就功能而言，则有助于整个作品的视觉整体感。

美国的金属焊接雕塑家彼得·雷吉那托说："雕塑上的色彩应被视为一种特质，使作品在空间自动地形象化……每使用一次色彩，你就创造了一种色彩关系。"美国公众称他的作品为三度空间的绘画。雷吉那托用欢快、强烈的色调隐去了钢的本身，色彩增强了形式所给予的生动感觉。看过他的未上色雕塑作品毛坯的人都相信，一旦加上颜色，它会使我们感觉到他的作品增强了视觉的效果，而不是相反。

当雕塑受本身内容的限制，不能采用大幅度横跨空间的形式时，就需要用色彩来加强其可视度。这显然指的不是字面的意思，而是美感的需要。可以想象，雕塑的形体是可视的，一经加上色彩，明暗对比就集中到了整体结构的关系上去了。干净而均匀的色彩会贯穿在整体效果上。通过色彩的交替重复、明暗对比，就自然而然地分开或统一成所谓三度空间中不连贯的构图，从而丰富了人们的视觉美感（见图3-36）。

图3-35　红立方体（野口勇）　　图3-36　米罗（法国巴黎，德方斯）

美国著名的金属焊接雕塑家史密斯总是坚信色彩的魅力，把色彩的使用当成雕塑的一个重要组成部分。为了从高度反射的、光饱和的表面当中产生鲜明的、变化无穷的效果，他对雕塑表面色彩及作品本身的光泽特别注意。

在中国古代，不管是金属雕塑、石雕还是木雕都是有颜色的，自古以来就有"三分塑、七分彩"的说法，在雕塑上加彩，以提高雕塑的表现能力。现存的历代雕塑，有许多就是彩绘的泥塑、石刻和木雕。即便是到了现代，民间雕塑仍保持彩塑的传统。中国塑绘不分家，导致了雕塑与绘画审美要求的一致性。在中国古代，绘画比雕塑更受重视。雕塑始终由工匠从事，文人士大夫极少参与。早期绘画的作者也只有工匠，但从东汉晚期开始，文人士大夫乃至帝王均参与绘画创作，从此成为中国古代绘画创作队伍的骨干力量。他们是国家、社会及文化的统治者，自然也统治了绘画，使绘画地位高高凌驾于雕塑之上，并以其艺术观念影响雕塑，因而雕塑具有明显的绘画性。其绘画性表现在不是注意雕塑的体积、空间和块面，而是注意轮廓线与身体衣纹线条的节奏和韵律。这些线条都像绘画线条一样，经过高度推敲概括提炼加工而成，只有大的体积关系，局部大多平面性很强。有时在平面上运用阴刻线条来表现肌肤和衣服的皱褶，仍然没有立体感，只有绘画的平面效果。汉唐陶俑、敦煌莫高窟唐塑和麦积山石窟宋塑佛教造像，以及太原晋祠宋塑侍女、大同下华严寺辽塑菩萨、平遥双林寺明塑和昆明筇竹寺清塑罗汉像等作品上都可见到。中国雕塑从这一特点历代相沿，至今民间匠师仍然大都先勾人物线描草稿，像人物画白描一般，再复制成雕塑；也有人直接在硬质材料上勾线描稿，再雕而刻之。这样创作雕塑，带有绘画性就可以理解了。中国古代雕塑绘画性强，自有一种东方趣味，符合中国古人的欣赏习惯，他们是从绘画艺术的角度去看待雕塑艺术。

近代中国城市景观雕塑风起云涌，每一个城市都有自己的标志性雕塑。这些雕塑除了具备较好的形态变化外，更是充分利用了颜色的因素传达了城市的信息（见图3-37）。

图3-37 友谊（黎明，钢板喷漆）

5. 多种材料的综合运用

传统雕塑所使用的材料大多是石材、木材和金属，随着工业社会带来的物质材料的极大丰富，雕塑家开始在自然界中寻找岩石、泥土、树叶、青草、水、冰、废旧物品等材料做成雕塑，使雕塑更好地跟景观联系在一起。有时雕塑家也会利用一些自然现象（大地艺术）和现实生活中的物品（波普艺术）做成雕塑。

立体派纯形式的理想被纸浆、布片、废纸和麻绳所代替。雕塑作品《苦艾酒杯》是用蜡模翻制的青铜作品，上面放置一把真正的汤匙来平衡整个雕塑。塔特林从毕加索那儿得到了启迪，开始"一种新型的雕塑，用原材料和现成物品构成艺术品，并将它安置在真实的环境空间中，严格摒除任何再现的意图。材料有着各自的造型品格，用木头、铁、玻璃等表面质感来组织一幅艺术品，真实空间中真实材料构成"。

当一些雕塑朝着这一切发展的时候，与景观作品相比，无论是工作对象、使用的材料和空间的尺度等方面都没有太大的区别，这两种艺术便合二为一了。

二、景观雕塑家分析

1. 布朗库西

将布朗库西列为景观雕塑家似乎不太适合，但他被誉为20世纪现代雕塑的先驱和最伟大的雕塑家之一，并且与景观雕塑有着不可分割的联系。

康斯坦丁·布朗库西（Constantin Brancusi，1876～1957年）被公认为是20世纪最具原创性的重要雕塑家（见图3-38），生于罗马尼亚。他曾入巴黎美术学院学习，也当过罗丹的助手，受毕加索立体主义绘画的启发开始开拓雕塑领域。但与毕加索不同，他不是破坏重组，而是保持第一视觉经验的完整和直觉的纯真，追求造型的极度单纯化，以达到接近事物的本质。他的作品可以说是对现代主义美学的核心课题——造型与材质作出崭新回应的典型代表。

图3-38　布朗库西

布朗库西曾影响过不少现代主义的雕塑家与画家，其中包括莫迪里安尼（1884～1920年）、维廉·伦布鲁克、芭芭拉·希普沃斯、亨利·摩尔、费南德·雷捷以及大卫·史密斯等人。在他1957年去世之后，受其影响的新一代艺术家，如卡尔·安德烈、唐纳·贾德、罗伯·莫理斯以及其他极限主义雕刻家等，他们如今的成熟表现，更是突显了布朗库西光辉照人的真知灼见。他坐落在家乡提古丘的大作，更是给予了像克里斯多与瓦特·德·玛利亚等景观雕塑家许多的创作灵感。

1916年10月14日，在罗马尼亚丘河的河堤边以及通过提古丘小镇的丘河桥上发生了一场激战，进犯的德军遭到哥尔吉县由老人、妇女、童子军与儿童组成的民间武力的抵抗，经过一天的激战，造成1000多名罗马尼亚人伤亡，而德军在遭到一支罗马尼亚正规部队的侧击之后，不得不撤退。1934～1935年间，在该战役即将届满20周年时，一个促进地区文化与工业的重要团体——哥尔吉县全国妇女联盟决定委托建立一座纪念碑，以纪念这次战役。此决定受到当时也是罗马尼亚总理夫人的该联盟主席雅瑞提亚·塔达拉斯古的大力促成。最初，她原本是要将此委托案交给她的好友蜜莉达·芭特拉斯古负责执行，芭特拉斯古曾与布朗库西一起工作过，她知道布朗库西曾有在培斯提沙尼建造一座战争纪念喷泉而未能实现的计划案，她也了解到他想要在家乡树立纪念碑的愿望，却为种种

73

原因而遭受挫折。于是，芭特拉斯古慷慨地将委托案转让，布朗库西则于1935年2月11日正式接受此案。不久，布朗库西即与罗马尼亚工程师商讨纪念碑的建造，并决定将以圆柱的造型来设计。本案由于一直尚处在不明确的状态，因而拖延了很长一段时间。直到1937年7月25日，布朗库西才回到提古丘开始进行纪念碑的建造案。

坐落在桥北边200码的《沉默的桌子》(见图3-39)，是由班波托克的石灰岩(碳酸钙碎屑与苔藓、地衣等生物残体凝结而成多孔隙的灰岩)建材制作而成，围绕其四周的12张椅子，每一件均由两具半球形的造型背对背地结合而成。1938年当布朗库西提到此作品时，只将之当成《桌子》，之后他称其为《饥饿的桌子》与《沉默的桌子》。《沉默的桌子》的明显作用是将之当成公园的家具。也就是说，人们可以坐在那里，诚如布朗库西所言："我

图3-39 沉默的桌子(布朗库西，1937年)

雕刻这件桌子、这些椅子，就是要提供给人们用餐及休息时使用的"。雕塑的高度接近地面，极容易让人想到小区或家庭院落，充分体现了雕塑艺术具备公共艺术的特性。

2. 亨利 · 摩尔

在20世纪世界雕塑史上，亨利·摩尔(1898~1986年)是最重要的艺术家之一(见图3-40)。这不仅因为他那伟大的灵感和别致的造型艺术流露出了不同凡响的品格与智慧，更为重要的是他在作品中表现出来的激情，常常以其不可抗拒的穿透力涤荡于观者的心胸，散发出隽永的魅力。他的名字是第二次世界大战以来最响亮的艺术家名字之一。他之所以赢得世界人民的尊敬，是由于他的艺术紧紧地与现代工业社会的时代气息相连。有史以来，雕塑的对象总是以塑造神圣的英雄、贤者、政治领袖或运动员为主。在20世纪以前，塑造一个既无实际目标，也不具备具体内容的形象的雕塑是闻所未闻的。亨利·摩尔的作品为时代创造了一种新的雕塑语言，那是一种与环境对话的语言，一种充满人性的现代语言，是景观雕塑的先驱。

亨利·摩尔是国际艺坛备受推崇的现代雕塑大师，其作品为世

图3-40 倒下的战士(亨利·摩尔，青铜，1956~1957年)

界各大博物馆收藏和展览，而他本人也被视为雕塑的化身，肩负着承上启下的使命。他的作品继承了米开朗基罗、罗丹等世界著名雕塑大师的艺术传统和风格，吸收了欧洲中世纪、古希腊、古埃及、古墨西哥、非洲以及东方的古典传统艺术，其创作意识对 20 世纪的雕塑和造型艺术家具有广泛和深远的影响。罗丹将立体造型艺术的写实和激情推向了新的高峰，而摩尔则将立体造型艺术简练至最单纯的形态，显示了生命的本质与内在的动力。他说："用这种方法我能最直接和生动地在我的作品中表现人的心理内容。"他的作品在现实与超现实、具象与抽象之间达到了完美的平衡，具有深刻的艺术内涵和观赏性、公共性。他的作品强调与大自然的和谐关系，还具有很强的装饰性。摩尔喜欢收藏贝壳、树根、山石等自然造物，从其肌理及形状得到艺术的灵感。受到东方文化影响，摩尔突破性地在雕塑作品中加入大量的"孔洞"，雕塑人物的空间感，形成强烈的个人风格。有人认为"孔洞"象征着"上帝死了"之后的破碎与空虚，也有人认为它代表着摩尔对"救赎"的内心渴望。同时，摩尔的作品充满人性的味道，并往往以极度夸张的手法来彰显人性的温暖。他曾经说过："我宁肯雕塑有生命的石头，也不肯雕塑无生命的人物"。

在摩尔的创作生涯中，最常见的作品主题有三种，即母与子、横向雕塑和拓扑结构。他于 1922 年创作出"母与子"题材的作品，并从此成为他最钟情的作品主题之一。他说："这一主体本身代表了不变和永恒，同时具有极大的创作空间，一个小物体与大物体，大物体保护着小物体。这一主题的内涵如此之丰富，充满了人性美和结构美，因此我将会不断地创作下去"。1926 年，受到玛雅文化的影响，摩尔开始创作侧卧像，"斜倚的人物"成为摩尔最重要的象征形象（见图 3-41）。20 世纪 60 年代末，摩尔为科学博物馆创作了著名的弦体雕塑，并创作了第一个戴钢盔头像。这一题材被发展为内外部主题，就像母亲保护着她的孩子或孕于母体的胎儿。20 世纪 40 年代，摩尔创作了一系列圣母玛利亚和孩子们的小型雕塑，之后又创作了家庭群体。

（1）母与子。母爱是艺术表现的永恒题材，摩尔用现代雕塑语言，将这主题表现得与众不同。出自对真实材料的崇仰，将作品变体而产生厚重的体块感，虽然是受到超现实主义的影响，却袒露出最原始的灵感——母爱。这原始的体块与现代的结构组合成的艺术手段用来表现人性的爱是如此吻合、如此耐人寻味。从其作品《圣母玛利亚和孩子》中我们可以看出，摩尔对古典人物造型的崇尚。尽管手段很前卫，在浑然一体的石雕中，我们仍仿佛见到了米开朗基罗的影子。后期的作品《斜倚的母与子》是摩尔追求"斜倚类"

图 3-41　卧像（亨利・摩尔，青铜，1951 年）

造型的典型代表。

（2）横向雕塑。摩尔将自然形体与人体之美巧妙结合，表现人类强大的生命力；雕塑形态的竖向变横向，拓宽了雕塑语言的新视域，雕塑与环境同质同构、相得益彰，形成了全新的公共艺术观。

（3）对景观雕塑的成功实践确立了摩尔至高无上的地位是从 1935 年开始。摩尔有意识地将自然风景与雕塑作为一个整体来构思，致力于景观雕塑的探索。让雕塑从架上走到架下，从人造空间走向自然环境是摩尔最伟大的创造。摩尔不仅考虑到雕塑的造型与环境包括山坡、田野、森林和建筑物的协调，而且将水色天光、蓝天白云也作为作品的组成部分来看待。他的那些安置在大自然中的斜倚的人体不仅与山峦沟壑有着外形上的相似，而且有着大山般沉雄巍峨的气势和力量。不仅如此，摩尔还将色彩引入到他的雕塑中，他考虑到了阳光的存在及其方向因素。那些打磨得光滑圆润的青铜雕塑在阳光的照耀下熠熠闪光，尤其是在层林尽染的秋天的森林和原野上，迸发出强烈的、动人心魂的美。

为了达到与环境色彩的协调和谐，摩尔还曾采用化学腐蚀剂为他的一些安置在常绿森林的雕像披上一件由绿锈构成的外衣。他的那些白色、红色和绿色大理石雕像，其材料的质地和色彩也都是因地制宜、与周围环境和谐呼应的。对于摩尔来说，雕塑应可以随意放置、让人们能从 360°的空间进行欣赏。为此，他在雕塑前会做一个小型的小稿，以便于从各个角度加以审视和修改。摩尔一再强调环境对其雕塑作品的重要性："我宁可将我的雕塑摆放在自然风景，几乎是任何自然风景之中，也不愿将其安置在哪怕最美的建筑里"。

3. 野口勇

日裔美国人野口勇（Isamu Noguchi，1904～1988 年）是 20 世纪最著名的雕塑家之一，也是最早尝试将雕塑和景观设计结合的人。野口勇曾说："我喜欢想象把园林当作空间的雕塑"。他一生都致力于用雕塑的方法塑造室外的土地（见图 3-42）。

野口勇 1904 年出生于美国洛杉矶，母亲是美国作家莉欧妮·吉欧蒙（Leonie Gilmour），父亲是日本诗人野口米次郎（Yonejiro Noguchi）。1906 年，野口勇 2 岁的时候，随母亲搬到日本与父亲团聚，并在日本渡过了他大部分童年时光。

1918 年，野口勇 14 岁时回到美国上学（父母已离异，当时他跟随母姓，称为 Isamu Gilmore），并于 1922 年毕业于印第安纳州的 La Porte 高中，同年申请到哥伦比亚大学的医学系。到了纽约市生活，启发了他对雕塑创造的热情。

1924 年，由于想要全身心投入雕塑创作，野口勇从哥伦比亚大学退学，13 岁时又独自回到美国。他在学院派

图 3-42 野口勇

现实主义雕塑家博格勒姆（G.Borglum）门下做学徒，不过他的老师认为他永远不会成为一个雕塑家。他曾试图放弃艺术，去哥伦比亚大学学习医科，但最终还是回到了艺术的道路上，并在纽约一所艺术学校学习，20 岁时在学校举办了第一次个人作品展。

1927 年，野口勇获得古根海姆奖学金（Guggenheim Fellowship Grant），访问了中东和巴黎，并在布朗库西的工作室当了几个月的助手。布朗库西对于大洋洲和非洲雕塑的深有研究，他不但教授野口勇石雕的技法，还启发他对于空间和自然的理解。同时，野口勇还研究了毕加索和构成主义艺术，以及贾科梅蒂（A.Giacometti）与考尔德（Alexander Carlder）等人的作品。

1930 年，野口勇前往莫斯科与亚洲，曾在中国北京师从齐白石学习水墨画和中国园林的造园心法，最后又回到日本找寻他的诗人父亲，并接触到日本禅宗庭园的风格思想。对他来说，1930 年是他雕塑风格上的转折点，他开始跨领域到整个景观花园的设计，将东方的空间美学逐渐融入西方的现代理性当中。后来回到美国，野口勇又创作了许多雕塑。1933 年，他发现塑造室外土地也是雕塑的一种表现方法。他曾经设想在纽约的街区设计建造一座混凝土的游戏山，游戏山下可以是建筑，但这个方案被管理者放弃了。后来，他与建筑师路易斯·康合作了纽约河滨公园游戏场的设计方案，把地表塑造成各种各样的雕塑形态，如金字塔、圆锥、斜坡等，并结合布置小溪、水池、滑梯等公共设施，给孩子们创造了一个自由快乐的世界。他的思想抛开了传统的操场式的设计方案，将大地本身建造成高低起伏的供人玩耍的设施。

1941 年第二次世界大战爆发，由于野口勇的一半日本血统相当敏感，美军将他软禁在当时的日本人强制收容所中，后来由他许多艺术家朋友写信声援，他才获得释放。同时，原子弹的爆炸也使他开始对世界失望，同时艺术界的状态也让他感到失望。他暂停了工作，也为了重新考虑自己的雕塑理念问题，他申请了布林根基金，开始了又一次的寻找艺术的旅程。他考察了世界上优秀的景观遗产，如意大利的花园、巴塞罗那高迪设计的公园、希腊和埃及的古代神庙及日本的寺庙园林。他回到了自己的故乡，回到了自己的起点日本，并建立了自己的工作室。

1951 年，野口勇受邀为广岛和平公园作设计，由此产生了通向公园的两座桥，一座象征唤起出升的太阳，叫做"建设"；另一座象征船，名为"出发"，充分表达了战后人们对于新生活的渴望（见图 3-43）。

1962 年，在建筑师劳耶的推荐下，野口勇被任命负责巴黎联合国教科文组织总

图 3-43　广岛和平公园雕塑（野口勇）

部庭院的设计。这个庭院是用土、木、石、水塑造的地面景观，分为两个部分，上层的石平台有座椅和圆石块；下层布置了植物、水池、石板桥、卵石堆、铺装和草地。这个园林中有明显的日本园林的风格，甚至一些石头还是特意从日本搬运过来的。地面的高低起伏变化充分体现了艺术家将地面作为雕塑的理念。耶鲁大学贝尼克珍藏图书馆下沉式大理石庭院，野口勇用立方体、金字塔和院环分别象征机遇、地球与太阳，几何形体和地面全部采用与建筑外墙一致的磨光白色大理石，整个院落浑然一体，统一成一个雕塑，充满神秘的超现实主义色彩。

1964年，野口勇为查斯·曼哈顿银行（Chase Manhattan Bank）设计了一个圆形的下沉庭院。这个庭院显然是日本枯山水庭院的新版本。黑色的石头是专门从日本精心挑选而来的，石头下面的地面隆起成一个个小圆丘，花岗岩铺装铺成环状花纹和波浪曲线，好像耙过的沙地。夏天时，喷泉喷出细细的水柱，庭院里覆盖着薄薄一层水，散布的石峰仿佛是大海中的几座孤岛。野口勇将其称为"我的龙安寺"。龙安寺庭院是日本京都最著名的枯山水园林。

1972开始历时7年才建成的底特律的哈特广场（Hart Plaza），是对野口勇的场地规划和园林设计能力的考验。哈特广场位于新市政中心，其一边是底特律河，另一边能看到著名的文艺复兴中心。起初，市政委员会所要求的仅是设计一个喷泉。野口勇提出了喷泉的方案，并提出关于周围广场方案的意见。得到接受后，他承担了整个3hm^{2}场地的设计。广场的入口矗立着36m高的不锈钢标志塔，地下餐厅和下沉的露天剧场的上面是宽阔的绿地和铺装的区域。

环形的喷泉高出圆形花岗岩水池7m，像一个炸面包圈用两根成对角线的支柱支撑。计算机程序控制的喷泉表现出无穷变幻的水景，从缥缈的雾景到巨大轰响的水柱。它与抛光的不锈钢和铝质材料组成光的交响画面，赋予哈特广场一种技术和太空时代的隐喻，对于一个制造了飞机和火箭、代表美国当代工业性格的城市，显得恰如其分。正如野口勇所说，在这里"一台机器成了一首诗"（见图3-44）。

野口勇认为，艺术家与土地的接触能使他从对工业产品的依赖中解放出来，以获得艺术创作的灵感，这也是他偏爱石雕和园林设计的一个原因。他一生创作了大量的园林作品，重要的还有IBM总部的两个庭院、位于耶路撒冷的以色列博物馆的比利罗斯雕塑花园（Billy Rose Sculpture Garden）和1970年大阪世界博览会喷泉设计等。

图3-44 多吉喷泉（野口勇）

　　野口勇是国际上公认的战后最具影响力的雕塑家和设计师。早在大地艺术产生之前，20世纪初期他已成功地将雕塑概念扩展到风景空间，使基底不再是展示作品的背景，而是作品自身的组成部分。他的家园就是日本景园文化的山水与西方的雕塑相结合的产物，通过简洁的设计元素表现了空间的特性和象征意义。整个作品由精神之泉、森林之路、利马柱、金字塔、水道、沙漠之地、一个独立的墙体和由曲线围绕的小树丛组成，不同的材料、砂石墙、磨光大理石、天然石头、水体，不同形式的几何及非几何的元素交织在一起，创造出一种令人沉思的空间效果。虽然美国有些景园建筑师批评这个广场缺少树荫和可休息的空间，以及尺度过大使人无法使用等，但野口勇并不是不知道这些功能上的需求，只不过是更倾向创造一种能激发人们的想象。从根本上说，野口勇是一位继承阿普（Jean Arp）、米罗（Jean Miró）和布朗库西的传统的、富有表现力的雕塑家。野口勇的许多石雕作品抛弃了磨光大理石明亮光滑的表面，而去展现史前古墓般的体量和重量，其粗糙的质感和神秘的符号对今天的一些环境雕刻产生了很大影响。野口勇处在东西方文化的交汇点上，他的作品是流露着浓厚的日本精神的现代设计，不仅为西方借鉴日本传统提供了范例，而且也为日本园林适应时代的发展作出了贡献，受他的风格影响的环境设计作品，今天在日本随处可见。野口勇还影响到一大批后来者，如设计了波特兰市河滨公园的日裔美籍人历史广场的美籍日裔风景园林师穆拉色（Robert Murase）等（见图3-45、图3-46）。

图3-45　家族（野口勇，1956～1957年）　　图3-46　Momo Taro（野口勇，1977～1978年）

　　4.克里斯托

　　出生在保加利亚的美籍艺术家克里斯托是一位当代艺术的创作奇人，他曾以包裹美国东海岸11个岛屿、给400年历史的巴黎新桥裹上了绉绸的复古金装礼服以及包裹德国国会大厦而闻名于世。自1971年始，克里斯托开始向德国政府提出包裹在柏林的国会大厦计划。当时人们想，这位艺术家简直疯了，国会大厦不是一座普通建筑物，它不啻于一个国家的尊严和民族的象征，这种建筑怎么容得下以艺术的借口使其在质上产生转换呢？但事实发生了，在1995年6月17日，克里斯托包裹的国会大厦作品终于完成了。6月的柏林阳光明媚，被包裹了的国会大厦通体闪烁着银色的光泽，仿佛成了"盛大文艺复兴

图 3-47　包裹国会大厦（克里斯托）

般庆典"中的祭坛（见图 3-47）。现年 70 岁的克里斯托和其夫人珍妮·克里斯托 2005 年在纽约又上演了他们的超大制作。当年 2 月 13 日，冬天的纽约中央公园被这两位大胆的艺术家装扮成了橙色的海洋。那些在风中不断漂浮的"暖流"，就是克里斯托夫妇的大型公共装置作品《门》。该作品耗资 2100 万美元，但克里斯托的创意引发了更多的艺术及商业展览，纽约人纷纷以此为壮举，满城喜悦。这是经济回报、人民自豪、提升城市身份的好例子。正像他们的其他作品一样，这些作品也许只是暂时改变了建筑或景观的面貌，但它真正改变的是观者透过亲身体验产生的心灵冲击，而这是永远存在的。

5. 奥登伯格

奥登伯格也许是最重要的立体波普艺术家。波普艺术是流行艺术的简称，又称新写实主义，因为波普艺术 POP 通常被视为"流行的、时髦的"一词的缩写，它代表一种流行文化，在美国现代文明的影响下而产生的一种国际性艺术运动，多以社会上流的形象或戏剧中的偶然事件作为表现内容。它反映了战后成长起来的青年一代的社会与文化价值观，力求表现自我、追求标新立异的心理。

奥登伯格出生于瑞典，受教于美国和斯堪的纳维亚。如果说像安迪·沃霍尔这样的艺术家在平面艺术上进行了一次观念的革命，那么在立体艺术领域中进行观念革命的一员猛将就是奥登伯格。他所关注的形象也都是平常物，他将这些物品放大，做成立体。他写实是要给人一种实在感和可信赖感，让人觉得艺术是一种平平常常的东西。他在一篇名为《我追求一种艺术》的文章中阐述了他对艺术的观点，用丰富的比喻和生动的语言揭示了他的艺术：

我追求一种艺术，它是政治的、色情的、神秘的，而不是一屁股坐在博物馆里。

我追求一种艺术，它自由生长而全然不知自身是一种艺术，一种从零为起点的艺术。

我追求一种艺术，它将自身纠缠于日常的废物之中，然后从里面浮到表面。

我追求一种艺术，它模仿人类，它是喜剧性的，如果必要，它是狂暴的，或者任何可能的形式。

我追求一种艺术，它从生活本身的线条中获取形式，它旋转、扩充、积聚、下雨、下雪，它是沉重的、粗俗的、生硬的、甜蜜的、愚蠢的，犹如生活本身。

我追求一种艺术，它会冒烟，就像一根香烟，发出臭气，就像一双鞋。

我追求一种艺术，它告诉你时间，或哪里有这么一条街。

1961 年 12 月 1 日，奥登伯格在纽约东二街 107 号的工作室里摆满了涂了油漆的石膏物体，有奶油冰淇淋、三明治和粗模制作的蛋糕。这些物体都被花花绿绿地涂上各色油漆，让人想起廉价餐馆的商品。作品制作得如此真实，以至于它们还被标以引人注目的价格，有的高达 198.99 美元。

　　在此之后，奥登伯格又通过使用不恰当的材料或将物体变形，使作品产生了非凡的效果。这一阶段的作品可称为"软雕塑"，《软马桶》和《一套软大鼓》都是其代表作。他精心临摹制作人们熟悉的物品，如脸盆架、打字机、引擎或者散热器，但这些东西又是松松垮垮的，歪曲了本性。看了这样的作品，人们不得不重新看待周围的事物。作品的形态有效地改变了人在日常生活中习惯的体验，使观众的基本体验和感觉受到了挑战。奥登伯格的这个艺术方向代表的是美国艺术在 20 世纪 60 年代的一个新的步骤，艺术不再是任何主观情绪的表达，却成了一种催化剂，激活人们被成见固定了的感觉。

　　奥登伯格还做了许多大型户外雕塑，题材依旧是人们所熟悉的物品和形象，如高达 3m 多的《衣夹》（见图 3-48）和 3.6m 多高的《立着的棒球手套和球》。此外，他还做了《穿透墙壁的刀》（1989 年），这样的雕塑尽管是对事物的写实放大，却很有现代的抽象之美，与周围的环境很好地融合。同时，他还做了许多纪念碑方案：为纽约时报广场设计了一个庞大的剥了皮的香蕉，为纽约某地设计了一个巨大的烫衣板，还为中心公园设计了一个大大的特迪熊。这些新型雕塑无疑是他开拓景观雕塑艺术的一次成功尝试。

图 3-48　衣夹（奥登伯格）

第4章　景观雕塑的设计要素

城市景观雕塑是一门综合艺术，它所涉及的领域之广泛是其他艺术形式无法企及的。下面重点介绍景观雕塑设计时需要注意的几点要素。

第 1 节　环　　境

景观雕塑设计首先要注意的就是环境因素。著名雕塑家潘鹤先生说过："景观雕塑从来就是各个时代物质文明和精神文明结合的产物，亦是各个时代审美观念永久性材料凝固存留下来千古的历史脚印，既为当代人民服务，亦为后世所欣赏，这从古今景观雕塑的作用中就可以得到佐证。"我们知道城市景观雕塑与环境之间的关系的处理问题是决定城市景观雕塑成败的关键。景观雕塑与环境是相辅相成的关系，它们相互联系、相互影响、相互作用。景观雕塑是一门空间的艺术，它生存于适合其生长的空间环境当中，如果景观雕塑所处的环境是杂乱无章的、不能与雕塑做到协调统一的话，它在所处的环境中就显得那么的格格不入，失去了为整个环境增色的作用（见图4-1）。当代的城市景观雕塑生存的环境是由建筑物、广场、绿地、街道等多种元素构成的，虽然景观雕塑没有这些元素的使用功能，但是景观雕塑确实最能表达城市感情和人文情怀的艺术形式。城市里的景观雕塑能够增加整个城市环境的艺术氛围，是最适合表达城市文化，为市民提供审美需求和树立城市形象的艺术形式。随着社会的进步、科技的发展，人类物质文明和精神文明发生了巨大的变化。用于雕塑创作的材料层出不穷，人们对不同环境中的景观雕塑有着不同的要求，这就为这些材料找到了用武之地。现在的雕塑家，根据不同的环境，选用合适的雕塑材料，创作出适合特定空间、满足人们需要的景观雕塑作品。随着景观雕塑的发展，雕塑家在创作中为了达到雕塑与环境的完美和谐，需要考虑的问题越来越多。

第一，在现代景观雕塑创作时，雕塑家应该与建筑师、城市建设的规划者共同合作，完成整个环境的设计工作。也就是说，现在雕塑家的工作不

图4-1　环境　（魏小明，不锈钢）

应该只是在城市规划完成后、在建筑物落成后对环境中剩余空间进行填补，而应该在整个空间设计之初就参与到设计当中来，这样才能使环境中的各个方面协调起来，不使雕塑作品在空间环境中显得那么突兀，共同达到一种和谐的美感。这就比如一个军队，城市规划者是军队的指挥员，雕塑家和建筑师是军队的各个兵种，再优秀的指挥员也不可能带领一群乌合之众取得胜利，各兵种互不配合也难以轻松地获得最后的胜利。城市的景观设计不是一个或几个专家就能胜任的，必须调动多方面的人才共同参与、密切合作才能取得良好的效果（见图 4-2）。

图 4-2　国风　（霍波洋，北京西客站南广场）

第二，城市特有的人文环境是城市景观创作的基础。城市景观雕塑创作的大背景应当是雕塑所在城市所特有的地域文化。这种人文环境是该城市的各种环境元素经过时间的积累而形成的，如地方文化、宗教信仰、生态环境等，这些元素能够引起人们的共鸣，不同地区、不同城市有着不同的人文环境，这就是我们创作景观雕塑时要首先考虑到的。城市景观雕塑是作品所处的地区人文环境在视觉上的具体体现、是该地区的符号。这就要求我们雕塑家在艺术创作时不仅要坚持自己的艺术风格，体现自己的个性特点，还要求我们要与城市的人文环境相结合。只有艺术家个人思想与人文环境的有机结合才能创造出优秀的景观雕塑作品，否则雕塑作品将失去生存的土壤，失去生命力。在城市环境中，景观雕塑与建筑物的作用是截然不同的，景观雕塑的艺术形式可以是大众化的、自然的，能够很好地诠释城市的地域文化。城市景观雕塑为了配合整个环境，是不能随心所欲的，创作时要考虑到雕塑的形式、色彩、体量等与周围环境的搭配，这样才能更好地融入环境之中（见图 4-3）。另一方面，景观雕塑又是城市环境中非常重要的组成部分，雕塑的形式、色彩、体量等又能够直接反映城市的人文环境，丰富城市景观的内涵。景观雕塑的内容题材要与人文环境和谐一致。雕塑家为特定环境设计景观雕塑时，既要做到美化城市景观环境，又要丰富景观环境的人文意义，传递雕塑家对城市的精神内涵的表达。不同的地区、不同的城市、不同的环境都拥有自己独特的历史文化背景，这就要求景观雕塑作品还要具有美育的功能。在人们欣赏雕塑作品时，除了被优美的造型、绚丽的色彩和极具冲击力的艺术氛围感染外，景观雕塑作品还要传递当地特有的历史人文讯息，景观雕塑作品的题材内容要与当地的历史人文环境和谐统一。

总之，只有与城市环境密切结合的景观雕塑才能发挥其应有的作用，城市景观雕塑与其他景观环境元素之间的关系是相互依存、相互映衬、相得益彰的（见图 4-4）。

图 4-3　灿烂的明天（蒋铁峰，美　图 4-4　美国纽约街头雕塑
国，钢板喷漆）

第2节　尺　度

　　景观雕塑的尺度包含两个方面，一个是景观雕塑所处的空间的尺度，另一个是景观雕塑自身的尺度。在城市景观雕塑的设计中，以及在考虑在已有的空间环境中放置雕塑时，必须考虑景观雕塑本身的尺度问题以及景观雕塑与空间环境之间尺度感的问题，尤其是雕塑作品与周围的空间环境相协调是作品成败的关键。雕塑的尺度、体量设计是体现和表达作品内涵的关键，一件作品的大小既要为它所要表达的题材内容考虑，又不能对周围空间环境造成不和谐的视觉感受。因此，雕塑尺寸的大小、比例应根据具体的题材需要和环境需要而定，同时还要考虑观赏者的观赏角度问题，平视、仰视、俯视或者远距离观赏、近距离观赏，都要在雕塑家尺度的考虑之中（见图 4-5）。

　　景观雕塑的尺度有大有小，有体量和高度超大的尺度，也有我们在身边经常见到的具有亲切感的尺度。超大尺度的雕塑作品在特定的环境中会产生非常戏剧化的效果和震撼的冲击力，如美国的《拉什莫尔国际纪念碑》依据自然山体雕凿而成，这件作品创作时充分利用了自然环境提供的

图 4-5　圣康坦—昂伊夫林（玛尔塔·帕恩，巴黎）

资源，宏大的雕塑尺度既突出了雕塑的主题，又完美地结合了周围环境。苏联的《祖国母亲》，雕塑从脚底到头部52m，连同高举过头的长剑共高85m。该作品是为纪念斯大林格勒会战的英雄而建，坐落在广阔的马耶夫高地上，置身于雕塑所营造的空间中，可充分体会到苏联人民在卫国战争时期不畏强敌、英勇不屈的英雄气概。该雕塑庞大的体量带给观赏者震撼的冲击力，正好与所要表达的题材内容和思想感情完美结合。我国的乐山大佛建于唐代，地处四川省乐山市，岷江、青衣江、大渡河三江汇流处，与乐山城隔江相望。佛头与山齐，足踏大江，双手抚膝，大佛体态匀称，神势肃穆，依山凿成，临江危坐。大佛通高71m，头高14.7m，头宽10m，发髻1021个，耳长7m，鼻长5.6m，眉长5.6m，嘴巴和眼长3.3m，颈高3m，肩宽24m，手指长8.3m，从膝盖到脚背28m，脚背宽8.5m，脚面可围坐百人以上。唐代统治阶级崇尚佛教，为了巩固统治宣扬佛法，大佛建造而成，从此成为乐山市的一张名片。

经过雕塑家的不断探索和研究，在雕塑的尺度设计上总结了一些规律，人们在观赏室外雕塑时，习惯性选择站在距离雕塑高度2～3倍的位置，这样能较好地欣赏到雕塑的整体全貌；若要观察细节，则会选择站在距离雕塑高度1～1.5倍的距离观赏，而理想的整体观赏视点，视角以18°～27°为最佳；观察细节，即极近视点的观赏视角则为45°左右为宜（见图4-6）。根据前人总结的规律，我们在景观雕塑的创作时就可以推断出雕塑的高度和体量，做到心里有数了。

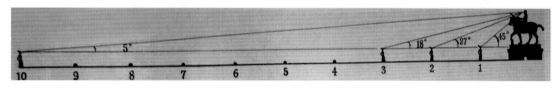

图4-6　雕塑视角图

第3节 空 间

景观雕塑是一种物质存在，其物质形态是空间形态。景观雕塑的空间主要包括雕塑空间和环境空间。雕塑空间是观赏者的审美对象，环境空间则承载着雕塑、受众、建筑物、自然环境等（见图4-7）。

雕塑空间可分为正空间和负空间。正空间是指雕塑形体的空间，也就是能看见的雕塑实体的部分。雕塑的正空间通常是决定作品成败的关键，因为对于观

图4-7　阿姆斯特丹（默尔曼·马金克）

图 4-8　尼斯公园（贝尔纳）

赏者来说，映入眼帘的毕竟还是雕塑的正空间。在视觉上，雕塑的正空间可高可低，可以凹凸不平，可以互相转换。触觉上，人们可以从雕塑的正空间了解到雕塑的材质、肌理，其至是情感。雕塑的正空间可以让受众直观的认识到雕塑的尺度、造型、颜色等，给观赏者第一眼的感觉，还因为雕塑各空间之间的相互转折、相互掩映等丰富了雕塑空间的表现力；再者，通过触摸还可以更加深刻、全方位地掌握它的材质、肌理等，进一步了解雕塑。雕塑的负空间，一是指雕塑正空间对应的部分，也可以是帖服于雕塑、环绕其周身的反像，它体现正空间高低起伏的空间效果。负空间具有内聚力，它制约着正空间扩张力的度，使形体的体量恰到好处。二是指负空间与环境空间的融会、交叉部分，一般认为是雕塑正空间的投影，称为占有空间，它是雕塑正空间产生的扩张力，既包含负空间的部分，又统摄部分环境空间，是雕塑空间渗入物质背景空间的中介。雕塑的正空间是负空间的界面，其凹凸、空洞和空洞，以及正空间之间的空隙成为负空间的物质表征。雕塑的正空间制约着负空间的变化，没有正空间，就没有雕塑的负空间；雕塑的负空间依赖于正空间的变化而变化，有怎样的正空间，就有与之对应的负空间。雕塑的正空间是主动的，是雕塑家的出手处；负空间变化是被动的，是雕塑家的着眼点。雕塑家通过对负空间的反复推敲、斟酌，然后将自己的意念固定为物质形态——正空间。对于视觉感知，雕塑的负空间拉开了正空间之间的距离，缓冲了正空间对视觉的压力，调节了视觉的疲劳，缓冲之下，不断调整刺激的节奏以激发视觉欲望，主动引导视点在正空间与正空间之间、正空间与负空间之间，以及负空间与负空间之间的运动与跳跃（见图 4-8）。

景观雕塑的环境空间分为实体空间和虚体空间。实体空间是指承载雕塑空间的物质背景。环境的实体空间环绕着雕塑空间，是景观雕塑的外围，也是协调空间关系、衬托雕塑的物质背景。环境的实体空间和雕塑空间是不同的实体，它们相互衬托、彼此呼应，使雕塑审美特征更鲜明，环境氛围更浓郁。其次，实体空间还能起到过渡作用，它把雕塑空间与更广阔的景观空间联系起来。虚体空间是指雕塑正空间与环境空间实体空间之间的部分，也可以说是雕塑正空间与实体空间之间的空隙。作为虚体空间，其产生的机制来自雕塑正空间的控制，来自雕塑正空间与物质背景之间的界定，或者来自实体空间与雕塑正空间的围合。环境的虚体空间与雕塑空间之间是互相沟通与融合的，环境的虚体空间直接与雕塑的负空间互相融会，把雕塑空间带进一个更为广泛的空间——环境空间中。虚体空间的合理布局，关系着整个环境雕塑空间的审美与价值。超大的虚体空间会使雕塑空间过小，雕塑空间与环境空间之间过于疏松；过小的虚体空间又会显得雕塑空间体量过大，雕塑空间与环境空间之间过于拥挤。环境的虚体空间只有通过环境的实体空间与雕塑空间的结合而形成，互相关联、缺一不可。环境的虚体空间尺度取决于雕塑的范围与大小，环境的实体空间与雕塑空间的规格是衡量其标准的准绳。

第 4 节　色　彩

纵观雕塑艺术发展史，雕塑的色彩与形体是密不可分。在新石器时代，我们的祖先就使用黑晶石等富有色泽的工具，并给骨器涂上红色。这充分说明了我们的祖先对于雕塑形与色的充分重视。色彩在雕塑中往往是被忽略的雕塑元素，大部分人认为色彩对雕塑来说是非本质的，它只能减弱雕塑本身的力感。但事实并非如此，色彩在世界雕塑史上的应用无处不在，古埃及、古希腊、古罗马乃至中国古代都在雕塑的创作中运用色彩。形与色的相互交融一直伴随着雕塑艺术的不断发展。随着时代的进步，城市环境越来越成为人们所关注的焦点之一。现代城市环境是一种综合性、全方位、多元化的群体，它由很多层面组成。城市色彩又是城市视觉环境中最易引起人们注意力的重要层面，包括建筑群的色彩，建筑群之间起连接作用的空间色彩。具体地说，城市色彩主要是由建筑、道路、广场、雕塑、人流、草木等色彩综合而成的。景观雕塑作为城市环境重要的组成部分，其色彩依赖于环境，更重显示出其独特的意义和价值。色彩对景观雕塑来说更加重要，它再也不是可有可无的东西，而是必不可少的。色彩能使雕塑材料自身的性质变得模糊，从而使造型更加鲜明。雕塑的大小、软硬、轻重都是雕塑家决定的，但色彩更能满足人们心理和环境的要求，突出雕塑的特点。雕塑的形体和色彩都能表达雕塑家的思想感情，但色彩所能传递的感情是任何形体都无法取代的。色彩还具有强烈的识别性，往往对色彩的认知性比形体的认识更加引人注目。色彩本身还具备视觉力的倾向，这种力的倾向会为雕塑增添几分活力。色彩的这些特点都为雕塑作品增添了不少魅力。

景观雕塑的色彩受制于城市环境的主体色彩。它应根据城市人文环境、肌理、地域特色等实际需要，综合创造富于浪漫情调的色彩组合关系。它必然符合和适应人的心理，生理上的要求及审美情趣。它也是作者的主观审美与客观实际的一种契合。这正是景观雕塑自身色彩与城市环境色彩美的规律，也是现代景观雕塑色彩的审美特征。我们必须从色彩的心理倾向和视觉生理特征中把握这种对立统一的原则。

总之，雕塑艺术是具有精神价值取向的艺术，它的形体、空间、质材、色泽总要传递特定的信息，而色彩在雕塑创作中的合理运用会丰富雕塑家的表现语言，使雕塑增添新的活力和个性特征，以适合现代生活环境，体现鲜明的时代精神，同时表现出更为丰富的视觉效果和情感色彩，最大限度地满足观众的心理要求，给人以强烈的雕塑艺术色彩美的感受（见图 4-9、图 4-10）。

图 4-9 龙鸟(安妮，法国，锻铜喷漆)

图 4-10 烈焰红唇（北京国际雕塑公园，路易·迪朗，法国）

第5节 材 料

各种密度小、强度高的材料的推广运用，使景观雕塑呈现出多姿多彩的现状，使景观雕塑自身旋转、振荡、摇摆，以及悬空、腾空、透空、中空等成为可能，也为声、光、电、磁、水、火、气、风等物质与现象导入雕塑造型提供了条件，以此打破了雕塑自身坚固不动、无声无光、凝重厚实的传统认定（见图 4-11）。

现代景观雕塑的材料运用内容广泛，因为现代景观雕塑的观念已经很宽泛，不仅仅是形式在不断变化，新的审美理念也在不断变化。观念的转变导致了对材料认识上、使用上的巨变。虽然长期以来雕塑材料本身并未发生根本性变化，但由于雕塑家在追求个性化语言及表达方式上的转变，导致了材料使用上的无限可能性，所使用的材料可以说是无所不包，正如波菊尼在 1912 年 4 月所发表的《未来雕刻技术宣言》上所言："雕塑家只能运用一种素材的观点，我们已无条件地予以否定。雕塑家为了适应造型的内在必要性，在一件作品中，可以同时使用 20 种以上的材料"。所使用的材料不但有传统雕塑所用的材料，还包括蜡、玻璃、油布、塑胶、金属线、网绳、反光金属、声光、电、现成品、棉织物、毛皮、绘画颜料、废品、垃圾等。尤其西方艺术到了 20 世纪七八十年代之后，观念雕塑开始出现，观念作为材料，语言、

图 4-11 美国旧金山园林雕塑

文字作为材料，甚至一些非材料的材料，均使得相对意义上的材料突然间消失，更何况大地艺术、装置艺术的出现，使得材料概念越发被消解，变得无所不在了。波菊尼的"未来主义"雕塑对此后西方现代雕塑的发展产生了重要影响。

因此，它给我们研究现代雕塑的材料带来许多不便。尽管如此，分析、研究现代雕塑材料也并非完全无迹可循，下面我们将以现代雕塑的大致派别来进行论述（见图4-12）。

图4-12 英国伦敦雕塑（威廉·派伊）

一、现代主义雕塑的材料

从20世纪西班牙艺术家毕加索开始，雕塑家们开始不断探索雕塑各种自足空间的表现形式。早期现代主义对以后的雕塑最大的贡献是"拼贴"和"现成品"的概念，而毕加索则是现代主义运动中最早涉及材料方面的研究与最先提出材料概念的艺术家，他的雕塑作品《牛头》是将自行车车座和车把拼贴在一起形成牛头的形象。他这种"拼贴"手法，开创了现代主义艺术手法与材料的使用方式。在"拼贴"式的创作中，毕加索提出了"拾来的材料"这一概念，并在自己以后的创作中不断用各种拾来的材料创造出各种神奇的作品。而杜尚的《泉》则是直接把现成品拿到展厅。在他们之后，雕塑艺术中许多新的技术手法，如借用、挪用、复制、并置、装置等逐渐出现。而正是由于他们这种对待雕塑、对待材料的态度及对待雕塑的新概念，才使得人们对正统的雕塑审美观的质疑，也使得"材料"的说法在现代的雕塑理论中越来越被重视。

二、构成主义雕塑的材料

现代主义雕塑发展到构成主义时期，在视觉上几乎找不到传统雕塑的量感与体块的概念，更无法以雕塑传统意义上的审美去寻找可视形象，而替代它的则是形式的功能与结构的合理性。构成主义的艺术所运用的多是现代的工业技术，所使用的材料与工业技术结合紧密，他们对待材料的观念多来自于波菊尼所提出的"要结束传统雕塑中青铜、大理石在传统雕塑艺术中的表现风格与手段，主张对日常生活中平凡材料皆可为我所用，并强调作品不应该只用一种材料来完成，它应该结合多种不同的材料"。因而他们的作品中所用的材料也是多样的，如佩夫斯纳的作品是用更多地用线、塑料网绳、金属等材料排列、组合、穿插而成。构成主义材料多与工艺技术、新技术、新材料相结合，因而他们所选的材料多轻、薄、透，是材料与技术的完美结合；同时，他们通过使用最新的材料工艺和造型，试图建立艺术和机器之间的新关系。

三、超现实主义艺术雕塑的材料

超现实主义风格的雕塑受弗洛伊德的影响较重，追求一种潜意识心灵体验的再现，他们喜欢表现梦境的、离奇的、虚幻的事物，他们在作品的表现手段及材料的选择运用上是大胆的、离奇的，有时也是荒诞不经的。在运用"现成品"的基础上，首次创造运用了短片、行为、装置等新手法，极大地丰富了作品的艺术表现力，扩大了雕塑材料的范围，创造了观念方式上与艺术手段上的不同。他们还喜欢把最不相干的物体组合在一起，并且综合运用各种手段，产生出一种潜意识的梦幻般的效果，如达利的作品是各种艺术手段的综合。超现实主义所使用的材料既多样又富有个性，追求的是日常物体的不和谐组合，使观众产生更多的联想（见图 4-13）。

四、波普艺术的材料

波普艺术是 1962～1965 年间盛行于国际艺坛的新的艺术形式。在波普艺术家们看来，这个世界根本没有自我和个性，大量的流行文化出现在人们的生活中，流行文化和商业文化成为这一时期的主流文化。波普艺术的代名词即"流行文化"，波普艺术的核心概念是"复制"，他们用复制的方法来解释这个不断复制的世界。在对待材料上，即"复制"手段的产生，它的材料来自社会、大众、文化所提供的取之不尽、用之不竭的材料。如雕塑家奥登伯格，他早期使用的材料就是用泡沫、帆布、软塑胶、皮革来复制生活日用品和日常器械，在这些软质材料的转化下，原来日用品的属性在视觉上发生了根本性变化，使人产生强烈的视觉效果。而到 20 世纪 60 年代后期，他则将日用品放大，放到公共环境中，给公众带来一种全新的视觉效果。贾斯帕·约翰斯则用青铜铸造出电筒、灯泡和啤酒罐并着上色彩，英国的波普艺术家阿伦·琼斯用玻璃钢制作穿着皮内衣的女人体，费尔南德兹·阿尔曼利用物体的聚集，形成几何秩序来反映现代的机械文明（见图 4-14），而莱斯的作品则用霓虹灯管弯曲塑造。总之，波普艺术家们所选择的材料是多种多样，且使人眼花缭乱。

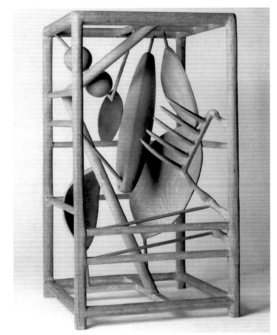

图 4-13　笼（贾科梅第，1903～1931 年）

图 4-14　法国巴黎（费尔南德兹·阿尔曼）

五、集合艺术的材料

"集合艺术"是废品艺术和垃圾艺术的史学称谓，英文意思是"集合、聚集和装配"。集合艺术直接把拣来的废旧物品加以组合，其价值在于情绪上的联想，材料本身不再孤立存在，而是按照艺术家的意志进行组合，并以传达艺术家的观念为目的。塞撒·巴尔达契的雕塑作品采用大量工业废品通过精湛的焊接技术组合而成，并利用巨大的油压机将垃圾厂的旧汽车挤压成多种彩色的金属块。而费尔南德兹·阿尔曼所使用的材料非常日常化，有茶壶、斧头、车票、电灯、开关、橡皮、图章等无所不包，他将它们重新排列组合，表现出一种物体堆叠后从量变到质变的视觉效果（见图4-15）。

图4-15　无限期停泊（费尔南德兹·阿尔曼，水泥、铁，1982年）

集合艺术的材料运用集中体现在废旧金属"材料"上，从社会学角度看，也是对工业时代的一个回应。废旧工业材料及新加工技术的使用，不但使材料本身发生了改变，而且也使材料的体量变得巨大，给观众带来一种新的视觉感受。

六、极限艺术的材料

极限艺术亦称极简艺术，它认为艺术的标准是理性的秩序、概念的严密和明确、形式的简洁以及非文学性和非道德性。它否认在作品之外有任何引申的意义。极限艺术派艺术家强调：重要的是作品，并且以作品是什么来看待，而不是作品代表了什么。极限艺术可以说将几何学抽象更向前推进了一步，将绘画与雕塑还原至本质的要素。极限艺术的雕塑，排除了传统的台座与再现的意念，甚至拒绝艺术家手的痕迹。

极限艺术使用多媒体等材料，并以极其强烈鲜艳的色彩，以及新的方式刺激着感官，如卡尔·安德勒的作品《64块铜板》就是直接置于地上，安德勒的《铝与锌》也是把材料作为一种制作空间的手段。罗伯特·莫里斯的《工业零件到毛毡》则关心的是美学感知，而不是材料的质感和文化意义。

极限艺术比较注重思考展出场地与视者间的关系、自我和物质世界的关系，并且将空间以及人、空间和作品的关系作为一个新的课题予以提出。

七、观念艺术雕塑的材料

观念艺术是20世纪60年代中期兴起的美术思潮。观念艺术标榜突破传统观念，认为艺术中最重要的是作者的思想和观念。材料与形式已不是承载思想感情与呈现观念的唯一形式，观念的表达用来作为艺术行为的开始，观念作为材料，语言和文字也开始作为材料来使用。正如波依斯所说："人们要扩大对艺术的理解，材料不仅仅是用来做雕塑的，语言的形式表现也是艺术，人类创造力的整体，从感情和思想开始，由一种特殊的语言材料表现出来，因此你就需要你的身体和其他器官，如舌头、心肺、空气和声波等"。

"观念艺术"的主要材料也限定在文字、概念、语言、知识、数字以及与之相关的事物中，并通过方案、照片、文献、谈话、地图、电影、录音、录像等行为或者装置的方式来呈现与传达。他们为雕塑注入了新的生命力并建立了新的标准，传统的物质材料（青铜、石、木头、金属、陶瓷）几乎成为边缘材料，所有的作品都是作为一个过程的证明或者交流的起点。并且，伴随观念艺术的发展，艺术家使用的材料也变得越来越广泛。

八、大地艺术的材料

大地艺术诞生于1967～1970年间，它不但与传统艺术有着切身的关系，而且不把美术馆作为美术运动的活动空间。大地艺术的艺术家们所用的材料也很广泛，如史密逊的《螺旋状防波堤》就选用了岩、结晶盐、土及藻等大自然本身存在的材料。当然，观念与艺术行为是大地艺术的最终解释，其创作包含策划、构思及社会政府、科学与技术，另外还涵盖了人力、物力、财力等各方面因素，它们最终以图片、影像的表现方式呈现出来。

大地艺术在工业文明国家备受欢迎，因为西方工业社会对社会环境的污染和对大自然的动植物保护意识越来越强，艺术家们重返自然，并通过大自然表现自我情怀，也使得公众注视到大自然的珍贵与美好。

九、装置艺术的材料

装置艺术是一种综合的艺术风格。它从来不是以一种独立的造型语言出现，几乎涵盖了当代社会所有的技术手段，艺术形式多样，不拘限于某一种艺术手法，艺术家们综合地使用着绘画、雕塑、建筑、音乐、戏剧、教文、电影、电视、平面媒体、录音、录像、摄影、诗歌等任何需要使用的手段。装置艺术家最初都是三维空间的艺术家，而装置艺术的一大贡献是把"人"逐渐"物化"为一种"物"、一种"材料"。

综上所述，现代景观雕塑中材料的运用问题，是一个需要深入探讨和研究的课题，对于雕塑家来说几乎可以是无所不为，一切尽在自己的选择和运用。当然，雕塑家与材料之间是一种双向选择的关系，雕塑家在选择材料，同时材料也启发着雕塑家。因此，作为一名从事雕塑创作，尤其是景观雕塑创作的艺术家，一定要尽可能多地熟悉材料、研究材料、善于运用材料，在作品中最大限度地挖掘和发挥材料的材质美，并把材料运用到极致。同时，材料在很多方面也制约着艺术家，就看艺术家是否有能力驾驭它。

第5章 景观雕塑设计流程与设计原则

第 1 节 景观雕塑的设计流程

开展一个设计任务时，通常会已知某些前提条件，如方案项目所处的背景环境和甲方的要求。设计者首先应了解设计对象，接着搜索有关资料进行分析和研究，然后归纳所得到的信息，并进行评估判断，以得出一个合理的结论。同时，相关的案例研究可以帮助设计者在类似项目中处理同类问题。接下来的设计任务书则应综合评估所得到的信息，描述设计师具体的设计任务，表达设计策略。所有这些项目研究阶段的准备工作，都是为了给随后的设计方案打下良好的基

图 5-1　风马（弗朗西斯科 · 哈维尔 · 阿斯托加，墨西哥，钢板）

础。这是一个非常强调理性思维的过程。一般来说，设计者往往会比较重视具体的设计阶段，却较为忽略设计研究。因此，下面将较多地讨论项目研究阶段的设计程序（代表作见图 5-1）。

一、描述对象

通常情况下，一般通过应用图像等方式记录设计项目所处的环境及文化背景的现有面貌，以促进设计师对设计对象的深入了解。在建成景观雕塑中，这一步通常叫做场地重现，记录着设计对象及背景环境目前的实际情况。设计师需要前往实地考察，对设计对象周边环境进行测绘、拍照、建模、速写，甚至绘制平、立、剖面图等，全面掌握项目的具体情况。景观雕塑不同于传统意义上的以造型为目的的雕塑，景观雕塑设计首先要注意的就是环境因素。例如广场雕塑的设计，作为一个大型的广场，必然承载着综合性的功能，除了地上部分外，大多数广场具有地下部分，如商场、停车场等中空的情况。在这种情况下，设计雕塑时必须注意计算雕塑的荷载等，以免影响后面的施工。

这一项为设计对象建立信息档案的工作实际上是对设计师观察能力的训练，需要

图 5-2 梦的支撑（埃里克·泰雷，法国，钢板喷漆）

设计师用心。即使是画速写、拍照片这样简单的工作，也要求设计师细致观察基地的情况，选择合适的对象和角度。在现实生活中，不少设计师认为没有必要花时间再三地实地勘察、深入了解。这显然使他从一开始就失去了去创造一个适应背景雕塑的设计的机会（典型设计见图 5-2）。

二、背景调研

在"静态"的描述、重现设计对象背景的"硬件环境"的基础上，设计师需要更多关于设计对象的背景、文脉等"软性资料"，如功能、材料、结构等。具体地说，这是一个设计师和设计对象相互了解、相互认识的过程。一个设计师对于工作对象及背景的了解越多，他的决策和设计就越合理，越具有说服力。以建成景观雕塑为例，设计师多次探访场地，每一次都有新的发现，如周边的树种及颜色、夜晚灯光照明情况等，所有这些都透露出基地的信息。对于目标所在地的熟悉可以引导我们以后决定设计方案，使直觉变得更加准确、敏锐，使设计更加贴切。

设计师用图像、速写、文字、表格等方式记录现状，以此为下一步的评估、决策、制定任务书提供依据。调研的侧重点因设计目标的不同而有所变化。这一步适合训练设计师刨根问底的眼光，深入调查不同的环境历史文脉、不同的社会阶层信息、不同的气候特征等。设计师应感知设计对象的脉搏，把握其内在的气质，方能进一步改进设计方案。

调研阶段的主要任务就是对雕塑所处地区自然环境、人文环境和雕塑要起到何种功能的分析。

三、设计概念

概念是传统设计阶段的第一步。设计策划阐述了雕塑内容和主题的、雕塑尺度与颜色的、雕塑材料、雕塑位置以及表现手法。而概念以及其后的设计深化环节则将逐步说明这些确定是怎么样发生的。这一步是整个设计进程中最主观最个性化的环节，对设计师是最大的挑战。初始的设计想法依赖于前一阶段获得的信息的积累，同时也和设计师的个人素养有关。不同的事物对于不同人有不一样的理解，每位设计师都从不同的来源获得灵感。当然，通常设计师会努力使其设计符合大多数的人的思维方式和感受特点，因为我们服务的最高目标依然是客户和未来参观群众的满意。

理想地说，概念是一个明确、有力、恰当的想法，一个全面而关键的推进/改变/塑造/加工/成型等，同时它可以解决许多问题且改进许多方面。所有这些都应建立在前述各分析研究的基础上，而概念就是由前期各种因素的综合评估而得出的合理结论。一个优良的概念构思不仅会渗透到设计对象本身，还将积极的影响整个周边环境。即一个强有力的改动不仅使方案本身的面貌焕然一新，而且能将它和谐地融入周边的环境中。这只是一个简单的想法，却能够凸显出智慧的经验，展现设计师的思考深度及创造力。显然，概念的形成必须足够具体明确，以传达鲜明的设计思想。与此同时，概念也必须是抽象的，足以留给他人想象的空间。并且，概念还需足够灵活以满足进一步深入设计时所需要的调整。此外，一个合适的想法将不仅仅是形式或审美意义上的成功，而且也是社会、文化、经济、生态、政治等诸方面的成功。简单地说，它将适应使用者生活的各个方面。至关重要的是初始的概念必须与项目的关键方面协调，居于设计议题的金字塔的塔尖，否则可能会遗漏一些重要设计问题（典型设计见图 5-3）。

图 5-3　网景一滴（史钟颖，石灰岩、不锈钢）

四、雕塑设计概念发展和设计深化

在适合设计目标的总体概念确立后，设计师开始努力把概念渗透到项目中去。这一步和接下来的步骤都要在各个尺度层面上研究概念并进行设计，以确保最小的细节也能支撑全局的理念。进一步深入设计时，重要的是始终要紧扣住主要的思路，保持项目的总体理念。好的景观雕塑设计方案无论在全局，还是项目细节上，都能成功地传达概念构思，是不同尺度上都成功的综合设计。

作为一个艺术家，设计师通常想表达某种思想。只有概念鲜明、易于理解时，观赏者才能理解设计师思考的深度。大部分设计师都可以提出一种引人瞩目的概念，不过很难将设计目标中所有的问题都组织到一个概念里，并协调好相互的关系。一个优秀的景观雕塑设计师显然不是仅仅只懂得雕塑的材料、雕塑的功能、雕塑的结构或是其他因素，如设计师的个人的体会等，更是对所有的这些方面的相关联的综合设计。观察这些元素之间的关系和它们之间如何相互影响和作用是一门艺术。这也是优秀景观雕塑设计师出类拔萃的原因所在。

五、细部设计和设计的实施

细部设计与总体构思应该是紧密联系的。在整体设计过程中，要时刻提醒自己，设计中局部与细节是否与初始的总体概念相吻合，各部分组成元素是否与整体的设计风格相吻合等。对于设计工作来说，由于单个元素组成的整体通常比它们的简单求和更具有价值，

图 5-4　源（李象群，钢板，着色）

因此细节的处理直接关系到作品的最终效果（特别是大型浮雕艺术）。细部可能强化，也可能削弱甚至摧毁整个概念。当所有的元素都传达出同一种语言时，设计者的理念就可能从设计对象的一个角落体现出来。

另外，施工图也是设计的一个重要组成部分，随着雕塑施工越来越规范，特别是政府部门的工程项目，施工图越来越多地运用到雕塑领域中，特别是大型雕塑或带有公共设施性质的景观雕塑。从一个设计概念到最后的设计成果的实现，施工图是必由之路，是联系设计人员与施工单位的一座桥梁。设计师将理念诠释在施工图中，施工人员才能将设计师的理念转化成为现实的作品（典型设计见图 5-4）。

第 2 节　景观雕塑设计原则

如前所述，景观雕塑强调雕塑的景观化，它除了要具备创造性、独特性的艺术气质之外，还要考虑环境的整体性。景观雕塑的设计除了应符合雕塑艺术创作的基本规律外，还具有自身的一些规律。

一、景观雕塑的设计要有联系性

无论是在形式方面还是内容方面，都必须与设计主体、周边环境、文化氛围等各方面紧密联系。雕塑造型与传达的含义要求主体简洁明确，注意造型本身表现的含蓄与意味性表达。它不仅仅是一个单纯的形体构造，更重要的是必须处处体现主体的地域性与时代感，使文学典故、抽象的理念艺术化、形象化。两者是否吻合，能否经得起广大民众的认同和时间的检验，对于一个设计师来讲责任重大。

二、景观雕塑的独创性与唯一性

无论是含义的表达还是造型方面的处理，都应具备别出心裁的创意。特定的环境、历史、文化、功能等往往构成它的特质，并产生其运转与发展的内在活力。雕塑在与主体对接时，其选择的内容与表现的方式存在多方面的角度，作为雕塑的造型不可能面面俱到。因而务必要选择一定的表现方面，在对主体的元素作出综合的考虑之后，确定恰如其分的切入点，进而采取适当的形象加以鲜明的、典型性的处理。所以，众多的优秀的景观雕塑往往从历史典故、民间传说、主体形态以及长远规划等视角寻找创作基因（见图 5-5～图 5-9）。

96

图 5-5　美国洛杉矶雕塑

图 5-7　加拿大温哥华海洋公园雕塑

图 5-6　步履（秦璞，不锈钢）

图 5-8　慕尼黑景观雕塑（安德烈 · 沃尔滕）

图 5-9　美国景观雕塑

三、景观雕塑设计的视觉突出性

　　景观雕塑的设计除了研究造型的艺术规律外，还得强化造型的视觉形象，以深刻的内涵感化民众，吸引人们去观赏。同时再通过各种材料和相应的加工技术，以便于识别和记忆。从作品产生的全过程看，作品只有首先引起人们的关注，才能让人们去细细地欣赏，进而产生兴趣，理解雕塑的内涵及所要传达的信息。景观雕塑的设计常常用到以下几种手法。

1. 强化意味的表达

内容的体现尽量采用比喻、象征的手法,以意造型,以形表意,将故事情节、抽象的理念等具体化、形象化、简约化、符号化,从而使公众了然于心(见图5-10)。

2. 增强刺激效应

随着高新技术的发展,声、光、电等高科技手段被逐渐运用到雕塑设计中。由此,在视觉与听觉方面,通过运用色彩、光影、声音等,可产生有别于传统造型的形态与视觉感受(见图5-11~图5-13)。

图5-10 凯风[文楼(香港),不锈钢,北京国际雕塑园]

图5-11 美国纽约街头雕塑

图5-12 斯图加特(亚历山大·考尔德)

图5-13 恩泽夜(光电雕塑)

3. 增大雕塑本体体量

增大常态物体的体量，如将小的昆虫放大，突破人们的正常视线，形成强烈的视觉冲击力，突出视觉效果（见图 5-14 ～图 5-17）。

图 5-14 欧洲景观雕塑一

图 5-15 欧洲景观雕塑二

图 5-16 欧洲景观雕塑三

图 5-17 两条不定型线路 （贝纳·维尼，漆钢）

四、强调环境综合效益的原则

景观雕塑是雕塑艺术与城市空间环境有机结合的产物。一方面，景观雕塑作为环境艺术，对营造艺术的城市环境将起到重要作用；另一方面，城市的空间环境又反过来对景观雕塑的效果产生直接的影响：城市环境的性质决定了雕塑题材，城市环境的布局决定了景观雕塑的点位，城市环境的空间规模决定了景观雕塑的尺度和体量，城市环境的背景特质决定了景观雕塑的材料、质感和色彩，城市环境的艺术风格决定了景观雕塑的表现形式及手法。

五、突出地域特色和尊重历史文脉的原则

当代城市建设的一个重要特点是突出城市的个性。城市的个性主要表现在城市的地域特色上，景观雕塑是突出城市地域特色的一个重要手段。景观雕塑的规划应把突出城市的地域特色放在重要的位置，将通过景观雕塑的题材、造型风格、材料等一系列因素表现出城市的个性放在重要的位置。城市文化是累积性的，这就是人们通常所说的文化积淀；一个城市的文化传统与一个城市是共生的关系，它是一个活的有机体，随着一个城市的发展而不断生长并走向未来。景观雕塑在制订规划的工作中，尊重、保护历史文化传统，延续城市的文脉，是一项重要的工作内容（见图5-18、图5-19）。

图5-18 柯莱奥尼骑马像 （意大利，委罗基奥）

图5-19 李大钊纪念碑（钱邵武）

六、可持续发展的原则

生态原理是造型景观的另一核心。人向自然学习的过程与人类历史一样久远。地球上，人类进步的历史是一个不断理解自然生命和力量的历史。智慧仅是对简单自然法则的理解，它们向我们揭示了与自然固定方式更为协调的生活方式。我们生于自然，植根于自然，我们的各种举动及尝试都受控于无所不在的自然法则。所谓征服自然，也只不过是在自然永不止息的生命和成长过程中掠过的一道痕迹。以雕塑的方式，再次用自然的方法寻找并发展与自然系统一致的法则，令生活可以获取自然生命力，令文化沿着这样的轨迹发展，使我们的形体造型、形体组织和形体秩序富有意义，也令我们可重新理解人在自然中充实而激越的和谐生活。在西方，人与环境之间的作用是抽象的，一种我它关系；在东方，它是具体的、直接的基于一种你我关系之上。西方人与自然抗争，东

图 5-20　柱（张松涛，石灰岩、铅锡合金）

方人与自然相适应。

景观雕塑规划的可持续发展表现在：注重景观雕塑发展的历史延续性，使景观雕塑在历史上能形成动态的、变化着的链条，使之成为城市形象的历史；景观雕塑是永久的艺术，在规划中，在地域位置和雕塑材料、工艺方面尽量充分考虑到它的长久性；景观雕塑的建设总是受时间制约的，景观雕塑的规划要求为未来着想，宁可不足，不可过头，要为未来的发展留有足够的余地和发展空间（见图 5-20）。

艺术的创造永无止境，实现突出性的方法有多种，因主题的不同而采用不同的设计方法。设计方法没有唯一，这一切有待于设计师们进一步探索、实践和运用。

第3节　景观雕塑与城市空间规划原则

景观雕塑规划就是将景观雕塑上升到城市景观规划的层面，从城市总体规划的高度、广度、深度，紧密结合并完善城市总体规划，使之成为城市总体规划中的专项规划，同时又是城市区域规划或控制性详规的重要配合和分项规划。

优秀的景观雕塑规划必将极大地提升城市景观文化和公共艺术影响力，其与城市规划相协调，又与城市建设、管理协调一致，有力地打造城市文化形象品牌，提升城市综合魅力。

一、景观雕塑与城市空间的关系

城市空间中，从构成要素的角度来看，雕塑与建筑、树木、装饰物相同，是构成都市的一种要素。但与其他要素不同的是，雕塑没有特定的功能，所以在纯粹的空间中反而会成为城市的焦点。因为复杂的都市空间没有焦点，所以会形成比较散乱的空间，但雕塑会成为连接各种要素的母体，而且其连接体又包含树木、广场、纪念碑、塔、喷泉等多种要素。景观雕塑与城市空间的关系首先是"虚实"的关系。景观雕塑作为一种物质实体，在空间的意义上，它是"体积"对空间的进入、占有、征服、肯定、渲染、突出等，因为景观雕塑对空间的进入，使城市空间的形态发生变化，并衍生出新的意义，如揭示空间的主题、形成空间的特色等（见图 5-21）。

图 5-21　欧美雕塑

二、景观雕塑与建筑的关系

图 5-22　西班牙巴塞罗那景观雕塑（弗兰克 · 盖里，1992 年）

在古代社会的很长一段时间里，雕塑常常被认为是建筑的附庸，它依附于建筑，成为建筑的局部或建筑的补充和延续。这一点在中世纪的西方体现得尤为明显。随着社会的发展，雕塑获得了越来越独立的地位，它完全可以不依附于建筑而独立地存在。1995 年，艺术家克里斯多和珍娜 · 克劳德夫妇在柏林用 11 万 m^2 的帆布包裹了德国议会大厦，展示 3 个星期，观众逾百万。这是一个疯狂的实验，是建筑与雕塑各自发展几千年后的一次最伟大碰撞：建筑即雕塑，雕塑即建筑。实验的成功为雕塑与建筑合成的空间艺术展现出无限场景。但是，在城市空间中，雕塑与建筑常常又具有一种共生和互补的关系，它可以表现为多种形态，如雕塑装饰建筑，建筑衬托雕塑；建造建筑式的雕塑，建造雕塑式的建筑。从空间艺术而言，雕塑、建筑甚至城市，它们在本质上是同构的，是可以相互转化和相互融合的（见图 5-22）。

三、景观雕塑与城市空间界面的关系

城市空间分为上下四周等不同的空间界面，这些不同的界面都可以成为景观雕塑所附着的载体。也就是说，它们都可能与景观雕塑发生关系，用景观雕塑来加以表现。景观雕塑与城市空间界面的关系说明了景观雕塑空间形态的多样化，它不仅可以在常见的城市空间中找到自己的位置，同时还可以在城市的空间界面扩展自己的表现范围。

四、景观雕塑与公共设施的关系

雕塑作为公共艺术，其与公共环境及周围景物有着密切的关系。一个城市的文化品位，很大程度上来源于它的共有空间艺术。树木、喷水池、长椅、广告牌、电话亭、街灯等，实际上也具有雕塑的审美特征。从广义上讲，建筑物所展现的优美外形与几何轮廓也是集实用性与艺术性于一体的特殊雕塑，将城市形态和都市空间加以立体地、整体地规划与艺术构成，这是新形势下对都市环境审美的必然要求。景观雕塑、建筑、公用设施都是城市建设的重要组成部分，都应从属于城市整体美学要求。景观雕塑应和谐地置于城市环境之中，在造型、颜色、材质、绿化、铺地等诸多环节上进行统一规划设计，造就整体艺术氛围。城市雕塑作品要恰到好处地体现其艺术主题性与激活思想的意义。景观雕塑与城市设施的关系，表现出景观雕塑功能的多样性，它除了具有文化和审美功能以外，还可以与城市的实用功能结合起来，与城市设施的有用性结合起来，用雕塑的方式，装饰、美化有实用功能的城市设施，这是景观雕塑的一个重要发展方向（见图 5-23）。

图 5-23　机器人公共座椅

五、景观雕塑规划的实践性和可操作性

（1）景观雕塑规划的制订使景观雕塑建设有了法律的保障。规划在先，这是人们在长期从事景观雕塑建设工作以后所总结出来的经验，符合城市空间规划的法制化要求。景观雕塑规划的制订，使景观雕塑的建设有章可循，既可以有效地避免景观雕塑建设的盲目性，同时也是保持适当建设规模的有效手段。景观雕塑的规划，将使景观雕塑建设能在具有法律保障的前提下进行。

（2）景观雕塑规划将在景观雕塑与城市的空间关系、实施时间、主题、数量、质量等方面具体规范景观雕塑的建设工作。由于景观雕塑规划规定和明确了城市空间的基本关系及景观雕塑总体的空间特色，规定了景观雕塑建设的数量、质量，以及建设主题和实施时间，因此景观雕塑的建设才可能在具有科学性、预见性、控制性的基础上，稳步、有序地向前推进和发展（见图 5-24）。

图 5-24　茨城县神栖町神之池雕刻公园（斯托奈布，井板吉男，1991 年）

第6章　景观雕塑设计案例分析

第1节　济南市小清河五柳岛大型景观
雕塑《五柳风帆》分析

项目名称：济南市小清河综合整治一期园林景观工程五柳岛主题雕塑设计

工作团队：山东工艺美术学院现代手工艺学院

作　者：王德兴

项目背景：小清河综合治理一期工程西起林家桥，东至济青高速。此设计是在上海现代建筑设计有限公司整合浙江大学、北京土人等国内知名设计院的概念性方案的基础上，由济南园林设计院进行的景观深化设计。小清河北岸由于南水北调等不确定因素，本次只对小清河南岸及五柳岛进行了深化设计。五柳岛为河心公园，东西长1000m，占地4.8hm²。南岸景观带全长13.1km，上游宽20m，下游土渠段逐渐变宽至49m，面积30.1hm²。

设计原则与理念：景观设计本着点线结合的设计原则，运用一条连续蜿蜒的景观河道走廊串起了不同空间主体功能区，使河道中水的灵韵与周边的景观相互呼应，突出"绿色清河、运动清河、文化清河"的理念（见图6-1）。

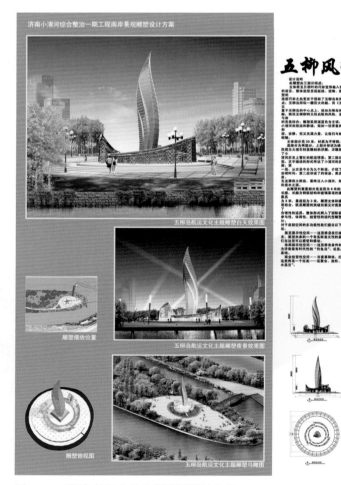

图6-1　五柳岛航运文化主题雕塑设计方案

工作程序：

一、方案设计程序

1. 基础资料收集

了解项目背景，了解济南市小清河综合整治一期园林景观工程的总体规划，了解并熟悉五柳岛周边的文化背景。

2. 基地调研

走进小清河综合治理现场，通过实地环境与规划方案的对应，加深对小清河综合治理工程的了解，为今后的设计提供直接的场地信息。

3. 策划

讨论雕塑的尺度、形式、材料及布局等关键属性，对雕塑所要传达的信息和特征进行总体策划。

4. 概念

具体思考和设计雕塑主体概念。从宏观和微观的不同角度来思考概念的本源，尽可能打开思路，收集五柳岛的具体资料（见图6-2）。

5. 概念深化

从众多拓展概念中选择出最终概念，并将其深化。考虑实际的条件和限制因素，从结构、材料、空间形式等方面开展具体设计。综合考虑荷载、抗风、抗震、抗雷击等因素，结合新的技术手段，使最终概念详尽、视觉冲击力强（见图6-3）。

6. 设计表达

充分运用图纸、实物模型、视频播放、PPT等手段进行设计表达，力求使设计概念传达准确、生动直观。

7. 设计成果

"五柳风帆"高23m，由3个立面组成，正立面由3片错落的柳叶构成，两个后侧面也分别呈现一片柳叶的形象。该主体雕塑十分巧妙而完美地将这五片柳叶变形后融入了现代雕塑的理念，整体造型呈现挺拔、流畅、雅致的品质。"五柳风帆"造型借助五柳岛自然的地形风貌——形似一艘巨大的帆船，雕塑放置于五柳岛中心处，恰如五柳

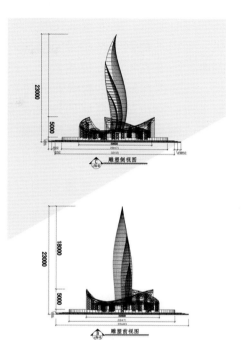

图6-2 《五柳风帆》施工图

图6-3 雕塑内骨架

岛的核心船舱,挺拔而柔美的主体雕塑既似 5 片柳叶,又似正在起航的风帆。"五柳风帆"采用不锈钢管网架镂空结构,是典型的现代景观雕塑,其外观通透、可直接感觉到雕塑形态在不同方位的效果,使观者产生共鸣。雕塑的所有骨架连接管均为镂空结构,且暴露在外,不锈钢管架既要充当结构支撑,又要完成作品造型的完整与艺术性;要求所有部位都有良好的外观效果,雕塑的结构、材质、造型也是对这次制作技术的挑战。网架镂空结构"五柳风帆"的出现,将大大提高济南市雕塑的设计门槛和制作门槛。

二、安装制作程序

根据济南市小清河综合治理一期工程雕塑制作安装实施的实际情况,《五柳风帆》雕塑的安装工艺方案制订如下:

(1)工程管理人员逐步到位,具体安排协调安装前期的所有准备工作。

(2)钢架安装人员进入现场,接通电源,工具进场。

(3)将制作好的钢架组件、不锈钢管和不锈钢板装车起运至小清河雕塑安装现场。

(4)安装人员开始清理场地,合理选择日常生活和工作用场地。场地清理完毕后,选择在雕塑基础北面空地开始进行竖向主造型钢架的对接组合。按 A0~A4(直径325×16)、A5(直径299×14),B0~B4(直径325×16)、B5(直径299×14),C0~C3(直径325×16)、C4(直径299×14),D0~D3(直径273×14),E0~E3(直径273×14),F0~F1(直径273×14),G0~G4(直径273×14),H0~H2(直径273×14),J0~J4(直径273×14),K0~K2(直径273×14)的顺序,依次进行每一号段的组合。组合过程当中应先用水平仪测出每一段的水平线,定好位,准确无误后再焊接牢固。

(5)每一号段的造型钢架组装完毕后,都必须用临时钢管进行加固,以确保在下一步主钢管进入钢架造型内部时,能有效防止变形。加固完毕后,把每一号段造型分割成两半,以便于每号段的主钢管对号入座到造型内。对号入座完毕后,应确定每段钢管入座后的位置是否准确;如果有不准确的,应当进行调整,重新弯曲,调整到准确位置后,进行基本定位。基本定位前,在每段钢管对接时,必须先打坡口再修边,到位后进行对接,准确定位,再进行焊接。焊接完毕后,由探伤单位进行现场探伤并出具探伤报告。合格后,把每段分割成两半的造型再重新组合到一起。

(6)每号段造型组合调整完毕后,再用吊车将 A~K 组在地面组装起来。先把 B~F 组组装在一起,再把 A 组和 B~F 组组装在一起,然后再将 K 和 H 组、G 和 J 组分别组合到一起。在组装过程中,位置达不到的都要搭设临时脚手架。每两个号段在组装完毕后都要检查一下,确定位置是否准确。以此类推,直至组装完毕。全部准确后,再进行下一步直径为 159mm 的横管的安装。

(7)首先,将直径为 159mm 的横管按照雕塑 3 个面划分,按照横管的弧形尺寸对每一面、每一段进行分类并下料;无误后打坡口,修边,再固定,焊接牢固。用临时钢管加固，并调整为同一水平；确保无误后，用两台吊车（一台 50t，一台 25t）进行下一步的整体吊装。其中 A 组和 C 组之间面上的横管暂不安装，为 K 和 H、G 和 J 两组的空中安装让步。

（8）吊装前联系好吊车，检查吊车停泊的位置是否合理、吊装点是否牢固，确定预埋钢板的位置是否准确，初步定出一个水平位置，将准备工作做好后再开始吊装。同时应准备联系脚手架架管、卡子等工具进场，主管吊装完毕后直接搭设脚手架。

（9）吊装时，用两台吊车同时吊装，50t 的吊车吊顶部，25t 的吊车吊底部，同时水平起吊。当雕塑整体离开地面一定高度后，50t 的吊车继续上吊，25t 的吊车开始缓慢松钩，形成垂直度，放到预埋钢板的位置。到位后整体调节方向，看水平位置是否准确；如果不准确，应找出相对的问题，并进行切割、修边，再用经纬仪测垂直度是否达到雕塑要求。准确后，定位进行焊接。焊接牢固后，吊车可以松钩，脚手架工开始搭设脚手架。

（10）搭设脚手架时，架管与雕塑间的距离不得小于 30cm，同时不得大于 35cm。A组和 C 组之间的面暂不搭设脚手架。待 K 和 H、G 和 J 两组安装完毕后才可搭设脚手架。先吊 G 组和 J 组，再吊 K 组和 H 组，每组吊装到位后，也必须调整水平、垂直位置的准确度，准确定位后焊接牢固。之后将 A 组和 C 组钢管之间的面上直径为 159mm 的横管安装到位，确定水平，同时搭设脚手架。

（11）横管全部安装到位后，再对 A～K 组钢架进行 0.3cm 封板。封板时进行调整、打坡口、修边、焊接、打磨，使雕塑表面保持光滑、平整、线条流畅，确保其观感效果。

（12）安装直径为 114mm 的竖管时，应先安装 A 组和 B 组之间面上的竖管，再安装 K 和 H、G 和 J 两组之间的竖管。安装完毕后进行焊接、打磨、抛光。

（13）全部安装完毕后，甲方进行验收。合格后，喷漆工人自上而下在雕塑表面喷上一层保护膜。

（14）进行竣工验收，合格后拆除脚手架，并清理现场（见图 6-4～图 6-8）。

图 6-4　雕塑底座浇筑

图 6-5　施工过程一

图6-6　施工过程二

图6-7　施工过程三

图6-8　施工过程四

第 *2* 节　济南市腊山河湿地公园大型景观
雕塑《老济南》分析

项目名称：济南市腊山河湿地公园大型景观雕塑《老济南》设计

工作团队：山东建筑大学艺术学院景观设计教研室 四川凤林景观设计有限公司

作　　者：赵学强　徐松涛

项目背景：山东省省会济南地处山东省中西部，是我国环渤海地区南翼和黄河中下游地区的中心城市，是国家批准的沿海开放城市和15个副省级城市之一，是国务院公布的国家历史文化名城、中国软件名城、国家创新型城市之一。腊山河是济南市西客站片区的一条主要排洪河道，河道全长5.3km，流域面积18.22km²，在西部新城，未来的腊山河将再现济南的亲水文化风情。根据城市园林绿化方案，将投资3000万元通过景石砌筑、植物栽植及基础设施建设，再造老济南池泽而渔、荷柳依依的特色景观。腊山河带状公园建设将完成土方开挖、基础砌筑、毛石基础砌筑、墙体砌筑、钢构架、景石砌垒、防水工作，以及闭水实验、整理绿地、栽植苗木等工作。"老济南"雕塑位于腊山河公园的主入口处，长27m，高4m。

雕塑将采取铸铝工艺完成，将老济南雕塑与泉城文化融为一体。老济南雕塑落成后，将成为济南市，乃至山东、全国最大的铸铝景观雕塑。

设计原则与理念：雕塑设计本着"高浮雕、圆雕结合的方式，将老济南的特色文化融入其中"的设计原则，运用一条连续蜿蜒的景观雕塑墙将老济南的特色呈现在人们面前，使河道中水的灵韵与周边的景观相互呼应，突出"留住本土文化、打造乡土小河"的理念。

工作程序：

一、方案设计程序

1. 基础资料收集

了解项目背景，了解济南市腊山河综合整治一期园林景观工程的总体规划，了解并熟悉济南的文化背景。

2. 基地调研

走进腊山河综合治理现场，通过实地环境与规划方案的对应，加深对腊山河综合治理工程的了解，为今后的设计提供直接的场地信息。

3. 策划

讨论雕塑的尺度、形式、材料及布局等关键属性，对雕塑所要传达的信息和特征进行总体策划。

4. 概念

具体思考和设计雕塑主体概念。从宏观和微观的不同角度来思考概念的本源，尽可能打开思路，收集腊山河的具体资料。

5. 概念深化

从众多的拓展概念中选择出最终概念，并将其深化。考虑实际的条件和限制因素，从结构、材料、空间形式等方面开展具体设计。综合考虑荷载、抗风、抗震、抗雷击等因素，结合新的技术手段，使最终概念详尽、视觉冲击力强。

6. 设计表达

充分运用图纸、实物模型、视频播放、PPT 等手段进行设计表达，力求使设计概念传达准确、生动直观。

7. 设计成果

《老济南》长 27m、高 4m，整个设计采用圆雕、浮雕相结合的表现手法，强调大空间与透视，将老济南的建筑、历史文化名胜古迹、泉文化、历史名人等元素融入其中。重点展现的老济南建筑有大明湖周边古建筑群（历下亭、垂花厅等）、老东门、老西门、高第街、瑞蚨祥、老济南火车站、县西巷建筑群等，展现的人物是元代著名的书法家、画家、诗人赵孟頫及其对趵突泉的赞美诗篇。济南"泉城"境内名泉众多，最为著名的有七十二名泉。在设计过程中，将七十二名泉的部分以篆刻的形式融入景观墙中。整个雕塑气势宏大、空间感强、细节众多，视觉极具震撼力（见图 6-9、图 6-10）。

图 6-9　《老济南》正面

图 6-10　《老济南》背面

二、制作程序

1. 泥塑小稿制作

严格按照比例进行泥塑小稿的制作，尺寸为 27cm×40cm。在泥塑小稿制作过程中，进一步完善设计方案。在充分体现泥性的基础上，将设计方案完美体现（见图 6-11、图 6-12）。

图 6-11　雕塑小稿之一

图 6-12　雕塑小稿之二

2. 等大泥塑制作

在完成泥塑小稿的基础上，进行泥塑的放大工作。在这个过程中，应充分考虑小稿与等大泥稿的不同。泥塑小稿受尺度的限制，细节很难塑造得非常完善，所以在制作等大泥稿时就要重新对空间、体量、肌理等元素作进一步的塑造。并且，对设计方案中的重要细节（如建筑物）做精致的塑造（见图 6-13 ～图 6-16）。

图 6-13　等大泥稿之一

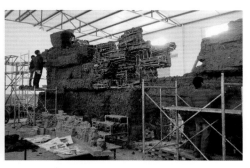

图 6-14　等大泥稿之二

图 6-15　等大泥稿正面

图 6-16　等大泥稿背面

3. 铸造过程

已在第二章中详细介绍，见图 6-17 ～图 6-23。

图 6-17　制作蜡模

图 6-18　清理砂模

图 6-19　外模

图 6-20　加固外模

图 6-21　注入孔

图 6-22　注入铝

图 6-23　拼装

4. 安装过程

根据当地实际情况，雕塑安装前，对车辆行走路线作实地的考察和测量，避免在运输过程中出现意外。雕塑底座采取混凝土浇筑预埋件的方式与雕塑较好地连接。由于雕塑采取了分段铸造的方式，因此安装时要严格按照泥塑小稿或雕塑的结构机理等要素连接。

5. 雕塑的后期处理

雕塑采用的是金属铸铝工艺，在充分考虑周围环境和要表达主题等因素后，决定采用丙烯色仿老青砖的工艺，雕塑与绘画相结合。这也是《老济南》景观雕塑墙的一个创新之处（见图 6-24 ～图 6-36）。

最后，景观雕塑的出现与发展是人类物质文明、精神文明向前发展的必然结果。在这个崭新的信息时代，科技突飞猛进的后工业化时期，环境的发展也以前所未有的态势展现着人类城市化进程的辉煌成就。另一方面，经济的发展也给人类带来了一定的负面效应，如人口密度大、环境污染、大气污染、生态失衡等；快节奏的城市生活、压抑乏味的城市环境空间让人们希望拥抱自然，拥抱艺术；人们渴望着更美好的生态绿色家园，渴望受到精神上的抚慰，希望压力的舒解。优秀的景观雕塑应该标识出一个地域的文化内涵，承载起一个地域的历史与未来的对接，凝聚起一个地域的精神和品位。当每一个外来者站在这些景观雕塑作品面前时，他们应该能够从中解读出这个地域的历史、现在和未来，品味出这个城市的风土人情、世态民风，并将这种印象深深地留在脑海。我们需要这样的雕塑，我们也在呼唤这样的雕塑能够更多的出现在我们身边。

图 6-24　侧视一

图 6-25　雕塑《老济南》正面

图 6-26　侧视二

图 6-27　局部一

图 6-28　局部二

图 6-29　局部三

图 6-30　局部四

图 6-31　局部五

图 6-32　木栈道

图 6-33　局部六

图 6-34　局部七

图 6-35　局部八

图 6-36　雕塑《老济南》背面

参 考 文 献

[1] 温洋.公共雕塑.北京：机械工业出版社，2006.

[2] 于美成，等.当代中国景观雕塑.建筑壁画.上海：上海书店出版社，2005.

[3] 李友生.泥塑、工艺雕塑.济南：山东美术出版社，1999.

[4] 王向荣，林箐.西方现代景观设计的理论与实践.北京：中国建筑工业出版社，2002.

[5] 程允贤，吕品昌.世界浮雕艺术.南昌：江西美术出版社，2002.

[6] 娄永琪，Pius Leuba，朱小村.环境设计.北京：高等教育出版社，2008.

[7] 钱邵武，范伟民.中国雕塑年鉴，2004年.合肥：安徽美术出版社，2005.

[8] 许正龙.标志雕塑艺术.南昌：江西美术出版社，1999.

[9] 李正平，野口勇.南京：东南大学出版社，2003.

[10] 杨永胜，金涛.现代城市景观设计与营造技术.北京：中国城市出版社，2002.

[11] 苏立群.美术技法大全——雕塑技法.南京：江苏美术出版社，1999.